# アグロケミカル入門

―環境保全型農業へのチャレンジ―

川島和夫 著

米田出版

## まえがき

　ヒトにとって薬に相当する医薬品は，20世紀の大いなる遺産と称される一方で，農薬は作物にとって薬に相当するにも係わらず，悪玉の化学物質のようにマスコミで叩かれています。化学肥料も同様に不要論が根強く，無農薬・無化学肥料での栽培が叫ばれています。農産物の生産に係わる化学物質をすべて否定してよいのでしょうか？　ほんとうに農薬も化学肥料も全く使わないで，農産物を安定的に生産することができるのでしょうか？

　現在，先進国では飽食の時代にあるが，発展途上国ではいまだに約8億人が飢餓・栄養不足の状態にあると推定されています。FAO（国際食糧農業協会）によると，2025年には世界の人口は80億人に達し，世界の食料事情はますます厳しいものになると予測されています。アメリカ，ドイツ，イギリス，フランスなどの先進国の穀物自給率は100%以上であるのに対し，日本はわずか27%にすぎません。日本政府は食料自給率45%の目標を挙げているが，この目標でも先進国の実績と大きくかけ離れています。このような現状を正しく理解している一般消費者は，一体どのくらいいるのでしょうか？

　一方，中国やアメリカなど世界各国からの生鮮野菜の輸入量が確実に増大し，2000年には92万トンに達しています。例えば，カボチャやブロッコリーでは販売量の約9割を輸入物が占めています。日本の農業は一体どうなるのでしょうか？　農業は単に食

料確保だけでなく，国土保全や自然環境の保全，良好な景観の形成や社会文化的保全などの多様な機能をもつことをしっかりと認識する必要があります。

　一般にアグロケミカルとは農薬を意味します。しかし，本書では広義に解釈し，農産物を生産して消費者に供給するまでのプロセスにおいて使用される農業資材ととらえて，農薬以外に肥料，土壌改良材，植物活力剤，鮮度保持剤も紹介します。本来，農産物の生産及び供給を考える際に，農薬とその他の資材（肥料，土壌改良材，植物活力剤，鮮度保持剤など）は相互に関係しており総合的な体系の中で論じる必要がありました。

　本書を通じて21世紀における地球規模の環境保全及び食料の安定確保の視点から，アグロケミカルという化学物質のベネフィット（恩恵）とリスク（危険）をご理解頂き，アグロケミカルの役割や開発の方向性などについて少しでも読者の皆さんのご参考になり，日本の農業の新しい発展に少しでも役立てて頂ければ幸いです。

# 目　　次

まえがき

## 第1章　アグロケミカルの開発と安全性 ……………9
### 1-1　アグロケミカルの開発 …………………9
（1）農業とアグロケミカル ………………9
（2）農産物の確保とアグロケミカル ………10
（3）無農薬栽培の実態 ……………………15
（4）化学肥料の貢献 ………………………17
### 1-2　病害虫との闘いの歴史 …………………19
（1）病害虫の発生 …………………………19
（2）薬剤抵抗性の発現 ……………………22
### 1-3　アグロケミカルのリスクとベネフィット ………24
（1）化学物質のリスク評価 ………………24
（2）農薬の安全性評価 ……………………27
（3）農薬登録システム ……………………30

## 第2章　農薬概論 ……………………………35
### 2-1　農薬の分類と出荷実績 …………………35
（1）殺虫剤 …………………………………36
（2）殺菌剤 …………………………………40
（3）除草剤 …………………………………43

（4）植物成長調整剤 …………………………………… 46
　　（5）展着剤 …………………………………………………… 52
　2-2　農薬の研究・開発・普及・販売 …………………………… 54
　　（1）農薬の研究・開発 …………………………………… 54
　　（2）農薬の普及・販売 …………………………………… 56

## 第3章　農薬の製剤設計と界面活性剤 …………………………… 59
　3-1　製剤のトレンド ………………………………………………… 59
　　（1）製剤の目的と特徴 …………………………………… 59
　　（2）新しい製剤の動向 …………………………………… 62
　3-2　製剤用界面活性剤 ……………………………………………… 64
　　（1）界面活性剤 …………………………………………… 64
　　（2）乳剤用乳化剤 ………………………………………… 66
　　（3）水和剤用分散剤・濡れ剤 …………………………… 68
　　（4）粒剤用拡展崩壊剤 …………………………………… 70
　　（5）フロアブル用分散剤・結晶抑制剤 ………………… 70
　　（6）内添型アジュバント ………………………………… 72
　3-3　界面活性剤の農薬としての応用 …………………………… 73
　　（1）ラッカセイ・ユリ用摘蕾剤 ………………………… 73
　　（2）オレイン酸石鹸 ……………………………………… 75
　3-4　界面活性剤の植物に及ぼす薬害と生理作用 ……………… 76
　　（1）界面活性剤の化学構造と薬害の関係 ……………… 76
　　（2）界面活性剤の植物に及ぼす生理作用 ……………… 77
　　（3）界面活性剤の植物体内への移行と代謝 …………… 83

## 第4章　環境保全型農業に貢献するアグロケミカル …… 85
　4-1　日本でのアジュバント普及 ………………………………… 85
　　（1）植物成長調整剤と殺菌剤での応用 ………………… 85

（2）殺虫剤での応用 …………………………………… *91*
　（3）除草剤での応用 …………………………………… *93*
　（4）アジュバントの作用特性 ………………………… *95*
4-2　アメリカでのアジュバント普及 ……………………… *99*
　（1）アジュバント市場 ………………………………… *99*
　（2）ヘレナケミカルの普及活動 ……………………… *100*
4-3　生物農薬 ………………………………………………… *101*
　（1）生物農薬の定義と特性 …………………………… *101*
　（2）微生物農薬 ………………………………………… *103*
　（3）天敵 ………………………………………………… *106*
　（4）IPM ………………………………………………… *107*
4-4　フェロモンと昆虫成長制御剤 ………………………… *110*
　（1）フェロモン ………………………………………… *110*
　（2）昆虫成長制御剤 …………………………………… *111*

## 第5章　新規アグロケミカルの開発動向 …………………… *115*
5-1　新農薬の開発動向 ……………………………………… *115*
　（1）新農薬の開発方法 ………………………………… *115*
　（2）新農薬の求められる条件 ………………………… *116*
　（3）新規剤型 …………………………………………… *117*
5-2　新規化学肥料の開発動向 ……………………………… *119*
　（1）化学肥料とは ……………………………………… *119*
　（2）新規化学肥料の開発 ……………………………… *120*
5-3　土壌改良材 ……………………………………………… *124*
　（1）土壌と土壌改良 …………………………………… *124*
　（2）土壌改良材の開発事例 …………………………… *125*
5-4　植物活力剤 ……………………………………………… *129*
　（1）カルシウムの役割 ………………………………… *129*

（2）　カルシウム剤の開発事例 ………………………… *130*
　（3）　植物活力剤 ………………………………………… *134*
5-5　ポストハーベスト農薬と鮮度保持剤 ………………… *136*
　（1）　ポストハーベスト農薬 ………………………………… *136*
　（2）　鮮度保持剤 ……………………………………………… *138*
5-6　将来のアグロケミカル …………………………………… *143*
　（1）　植物保護 ………………………………………………… *143*
　（2）　循環型農業用資材 ……………………………………… *144*

## 第6章　グローバル化におけるアグロケミカルの課題 … *147*

6-1　世界の農薬会社 ………………………………………… *147*
　（1）　世界の作物保護製品市場 ……………………………… *147*
　（2）　遺伝子組み換え作物 …………………………………… *150*
6-2　日本の農薬会社 ………………………………………… *151*
　（1）　業界の再編成と商流の短縮化 ………………………… *151*
　（2）　日本の農薬会社の方向性 ……………………………… *153*
　（3）　特許から分析した農薬市場 …………………………… *153*
6-3　日本農業の生き残り …………………………………… *155*
　（1）　農業従事者 ……………………………………………… *155*
　（2）　新農業基本法 …………………………………………… *156*
　（3）　環境保全型農業への挑戦 ……………………………… *158*
　（4）　日本農業の生き残り作戦 ……………………………… *159*
　（5）　食と農の距離を縮める ………………………………… *160*
　（6）　循環型農業のすすめ …………………………………… *161*

あとがき …………………………………………………………… *163*
参考文献 …………………………………………………………… *165*
事項索引 …………………………………………………………… *169*

# 第1章 アグロケミカルの開発と安全性

## 1-1 アグロケミカルの開発

### (1) 農業とアグロケミカル

　農業は自然に働きかけてコメ，野菜や果物などの食料を生産するなくてはならない産業であり，また国土保全，自然環境の保全，良好な景観の形成や社会文化的保全などの多様な機能をもっています。国土保全とは雨水の保全や土砂崩壊防止など，自然環境の保全とは水や大気の浄化，生態系保全など，社会文化的保全とは文化の伝承や保健休養などを確保することです。そして，このような農業の中で，農産物を生産する際に必要となる資材がアグロケミカル（Agrochemical）なのです。

　アグロケミカルとは狭義には農薬を意味します。しかし本書では広義に解釈し，農産物を生産して消費者に供給するまでに使用される農業資材ととらえて農薬以外に肥料，土壌改良材，植物活力剤，鮮度保持剤の開発動向についても取り上げます。

　農薬とは農薬取締法によれば，農産物（樹木，農林産物を含む）を害する病原菌，昆虫，ダニ，線虫，ネズミ，その他の動植物（雑草はここに含まれる）やウイルスの防除に用いられる殺菌剤，殺虫剤，その他の薬剤（除草剤，殺そ剤，誘引剤や補助剤など）及び農産物の生理機能の増進または抑制に用いられる成長促

進剤，発芽抑制剤などの薬剤のことです。さらにこの法律の適用については，一部の天敵も農薬と見なして取締りの対象としています。しかし，収穫後の農産物に対する農薬（ポストハーベスト農薬）処理については日本では使用が認められていません。

　本来，農産物の生産及び供給を考える際に，農薬とその他の資材（肥料，土壌改良材，植物活力剤，鮮度保持剤）は相互に依存しており総合的な体系の中で論じられるべきであったのですが，これまでは個別に扱われることがほとんどでした。本書では農薬を中心に取り扱う中でその他の資材の開発動向にも触れ，これらの資材について総合的な栽培・防除・流通体系のあり方を模索することにします。土づくりから始まって，栽培・病害虫防除を経て収穫後の鮮度保持に係わる資材までを取り上げ，各種資材を効果的に組み合わせることにより，環境保全型農業または資源循環型農業のあるべき姿を読者の皆さんと共に考えていきます（図1-1）。

## （2）農産物の確保とアグロケミカル

　FAO（国際食糧農業協会）は，1996年の食料サミットにおいて「1996年に58億人だった人口は，2025年には80億人，2050年には94億人に達する」と発表しました。現在でも地球上には発展途上国を中心に8億人を超える人が飢餓・栄養不足の状態にあり，21世紀の地球は飢餓との闘いになると予測されています。

　FAOは，食料の増産とその配分状態の改善，農業従事者の生活水準の向上，各国民の栄養状態の改善や農業技術援助などについて国際協力を実現することを目的とし，1945年に設立された国際機関でイタリアのローマに本部があります。

　これまで農業生産の上昇を支えてきたものとして，科学技術の進歩による高収穫品種の開発，灌漑の普及や肥料の多量投与など

1-1 アグロケミカルの開発

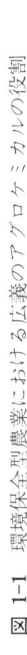

生物系残渣の回収・再利用システム（資源循環型農業）

```
再利用システム → 作物生産 → 貯蔵 → 出荷 → 消費
              回収システム  回収システム  回収システム
  ↑                         ← ← ← ← ← ← ←
 昆虫培養                                    加工
```

(植物保護：病害虫・雑草防除)
・化学的防除 ┌殺虫剤，殺菌剤
　　　　　　│除草剤，植調剤
　　　　　　│展着剤，アジュバント
　　　　　　│ホルモン，フェロモンなど
・生物的防除 (微生物農薬，天敵など)
・物理的防除 (太陽熱，蛍光灯など)
・耕種的防除 (アレロパシー，輪作など)

・IPM (総合的有害生物管理)
(土づくり)
・培土/土壌改良材など
(肥料)
・無機肥料/有機肥料/被覆肥料など
(栽培)
・施設/植物活力剤/カルシウム剤/資材など
(育種)
・品種改良/遺伝子組み換えなど

(鮮度保持)
・予冷
・CA貯蔵/低温貯蔵
・エチレン吸着剤/発生剤
・緩衝材
・吸水シートなど
(植物保護)
・ポストハーベスト農薬

(鮮度保持)
・低温輸送
・エチレン吸着剤
・吸水シート
・包装材料
・緩衝材
・蓄冷材など

(鮮度保持)
・低温貯蔵
・冷凍貯蔵
・包装材料など

図 1-1　環境保全型農業における広義のアグロケミカルの役割

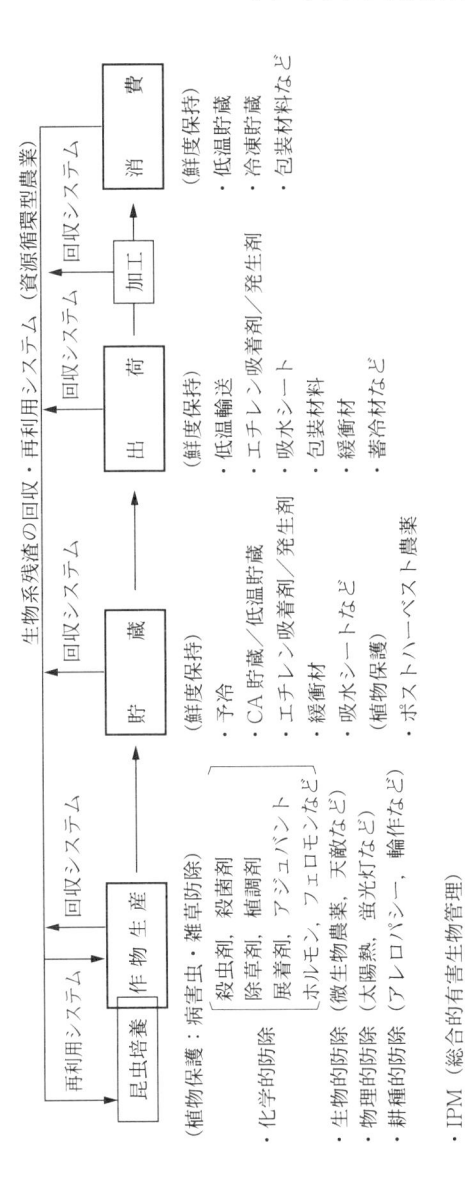

の増産技術に加えて，農薬による病害虫の防除技術の開発が挙げられます。しかし，これらの増産技術はすでに限界にきております。世界の穀物生産量の増加率は，穀物生産量の増加の主因であった単収の上昇幅が縮小してきていること，1980年代以降は収穫面積が減少に転じたことにより，低下してきています（図1-2）。

中長期的には，世界の人口は開発途上国を中心に大幅な増加が予測され，所得水準の上昇による畜産物消費の拡大に伴う飼料用穀物の需要増加もあり，世界の穀物需要は大幅に増加すると見込

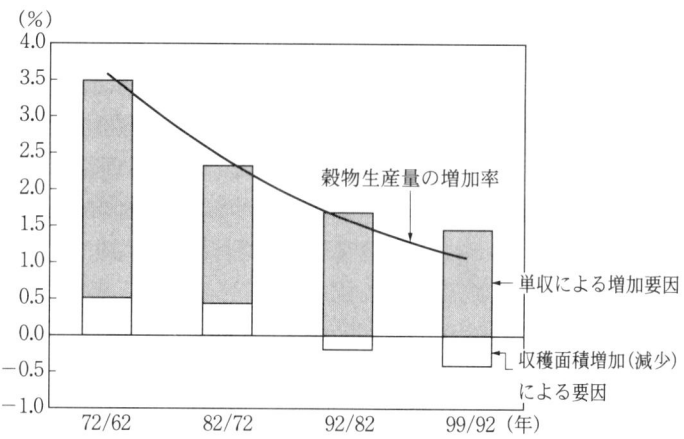

資料：FAO「FAOSTAT」
注：1) 穀物生産量の増加率は，穀物生産量の61～63年，71～73年，81～83年，91～93年，98～2000年における3カ年平均値から各期間の増加率を計算し，年率に換算したものである。
2) 「単収による増加要因」，「収穫面積増加（減少）による要因」とは，穀物生産量の増加率に対する寄与度である。

**図 1-2** 世界の穀物生産量の増加率の要因別寄与度（出典：農林統計協会編，図説食糧・農業・農村白書，平成12年度版，農林統計協会（2001））

まれ，中長期的な世界の食料需給は，ひっ迫するものと考えられます。

日本を含めた先進諸国では，飽食の時代にありグルメを謳歌しています。特に我が国では，安全・安心志向が強く有機農産物の需要が高く，農薬や化学肥料が敬遠される傾向にあります。環境省による平成12年度環境モニターアンケートでは，身近に存在する化学物質の不安の中で，約8割の人が農薬に使用されている化学物質に不安を感じています（図1-3）。この結果から，我が国の消費者は農薬についても自動車廃ガスに含まれる化学物質と同程度に不安を感じていることがわかります。

先進諸国は日本と同じように飽食の時代にあるが，根本的に大きな相違点があります。すなわち，食料自給について日本以外では，自国でまかなえるレベルにあるのです。FAOによると，穀物自給率についてアメリカ，フランスやドイツは輸出する能力があり，お隣の中国やロシアはやや不足しています。それに対して

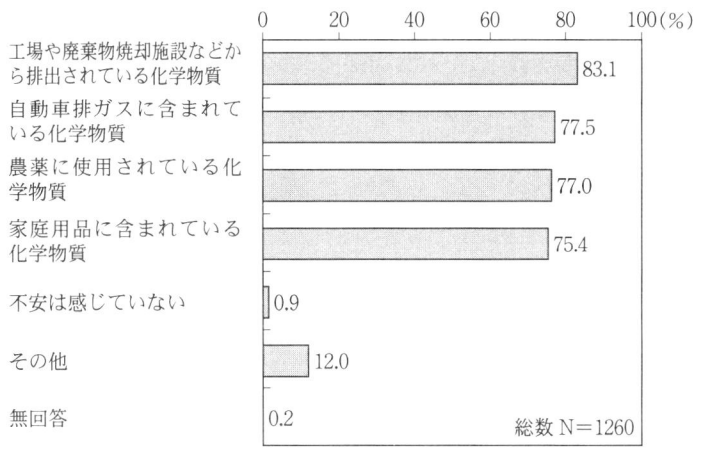

図 1-3　平成12年度「化学物質対策に関する意識調査」。実施者：環境省

日本は1998年でわずか27%にとどまっています。農林水産省が毎年発表している食料需給率によると、日本のカロリー自給率は1987年に50%を割ってから下がり続け、1996年には41%にまで落ち込みました。このことは、日本の食卓上の約6割は輸入ものであることを意味し、このような食料事情の国は、世界の主要国では日本だけです。主な食材の自給率をみると、コメは99%と完全自給率に近いが、パンやうどんの原料であるコムギの自給率はわずか9%、味噌、醤油や納豆などの純日本的食料の原料であるダイズでは3%という悲惨な状況になっています。

　穀物以外にも輸入農産物は、増大する傾向にあります。これまで野菜は国内の産地間競争が主でしたが、現在は海外からの輸入農産物との競争が激化し、ついに2001年4月にネギ、生シイタケと畳表（イグサ）の3品目にセーフガード（緊急輸入制限措置）が発動されました。

　農林水産省の統計によると、1998年に輸入された野菜は205万トンであり、前年比で17.7%の増加となっているが、この中で生鮮野菜の伸長が31%と大幅に伸びています（図1-4）。輸入先の国別順位では中国、アメリカ、ニュージーランド、タイ、台湾となっているが、中国とアメリカの2国で輸入野菜の約7割を占めています。アメリカからの輸入では冷凍ジャガイモが多く、ファストフードのフライドポテトに使用されています。中国からの輸入では、ダイコンや野沢菜などの塩漬け野菜が主体でしたが、この数年はサトイモ、シイタケ、ニンニクやエンドウマメなどの生鮮野菜が伸びています。これらの輸入農産物の仕掛人は大手スーパーや商社であり、日本の付加価値の高い農産物市場を目指して海外からの輸入量が急激に増える傾向にあります。

　このように、輸入農産物の急激な増大、地球規模での食料需給のアンバランス、20世紀に確立した増産技術（農薬、化学肥料

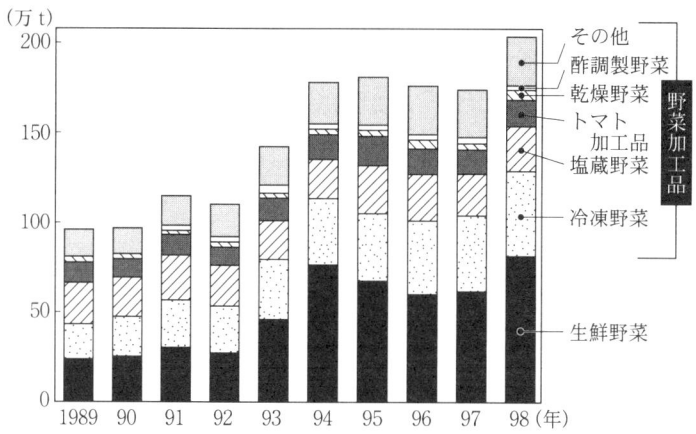

図 1-4 野菜の輸入量(出典:農林水産大臣官房調査課,農業観測と情報,農林統計協会,p.18, 6 (1999))

など)を否定して有機農産物志向を認知する動きや農業従事者の高齢化などのさまざまな要因をみると,我が国が 21 世紀に継続して安定した食料確保ができるのか,大きな憂いを抱きます。筆者自身は 20 世紀に確立された農産物の増産技術は,21 世紀に求められる環境保全型農業に軌道修正されるべきであるが,全面的に否定されるものではないと考えます。まずは農薬と化学肥料の役割から考えてみましょう。

## (3) 無農薬栽培の実態

農薬を使わずに栽培した場合の病害虫や雑草などによる被害についての実証データは,あまりありませんでした。そこで 1991 年と 1992 年に農薬工業会は,日本植物防疫協会に委託して全国 59 カ所で水稲,コムギ,リンゴやキャベツなど主要 11 作物について実態調査を行いました(表 1-1)。全国の農業試験場の協力を得て,実際の田んぼや果樹園などを使って慣行どおりに農薬を

**表 1-1** 農薬を使用しない場合の病虫害・雑草による全国被害の推定

| 作 物 | (ア)<br>1991年<br>全国収穫量<br>(t) | (イ)<br>減収率<br>(%) | (ウ)<br>収穫量の<br>推定損失量<br>(t) | (エ)<br>1991年<br>全国生産金額<br>(億円) | (オ)<br>出荷金額<br>の減益率<br>(%) | (カ)<br>生産金額の<br>推定被害<br>(億円) |
|---|---|---|---|---|---|---|
| 水　　　稲 | 9565000 | 27.5 | 2630375 | 29189 | 34.0 | 9924 |
| コ ム ギ | 759000 | 35.7 | 270963 | 1052 | 66.0 | 694 |
| ダ イ ズ | 197300 | 30.4 | 59979 | 478 | 33.8 | 162 |
| リ ン ゴ | 760300 | 97.0 | 737491 | 1600 | 98.9 | 1582 |
| モ　　モ* | 186000 | 100.0 | 186000 | 558 | 100.0 | 558 |
| キャベツ | 1568000 | 63.4 | 994112 | 1334 | 63.7 | 850 |
| ダイコン | 2312000 | 23.7 | 547944 | 1543 | 37.1 | 573 |
| キュウリ | 889100 | 60.7 | 539684 | 2104 | 59.5 | 1252 |
| ト マ ト | 745700 | 39.1 | 291569 | 1786 | 40.0 | 714 |
| ナ　ス* | 514000 | 20.9 | 107426 | 1242 | 21.5 | 267 |
| バレイショ | 3609200 | 31.4 | 1133289 | 1704 | 41.6 | 709 |

*は調査事例が1例のみのため参考値
(イ), (オ)は調査結果の平均値。(ア), (エ)は農林水産省統計による。
(ウ)＝(ア)×(イ)÷100, (カ)＝(エ)×(オ)÷100
出典：日本農薬学会編集, 農薬とは何か, 日本植物防疫協会 (1996)

使用した区と無農薬で放任した区について、その収量と出荷金額との比較試験が行われました。その結果、農薬なしで現在の生産水準を維持することは、ほぼ困難であるという生産現場の常識が裏づけられました。

農薬工業会は、社会が必要とする農薬を供給し豊かな食と緑を確保し、農薬安全対策を講じてヒトと環境への安全を確保しながら、農薬産業に関する諸問題を解決することを目的として1946年に設立されました。2001年10月現在で58社が会員となり、農薬取扱高は業界の約95％を占めています。

水稲では、新潟や宮崎など10カ所で調査し、出荷金額で約30％減で、推定被害額は1兆円近くになることが示されました。次にコムギでは、北海道の4カ所で調査し、出荷金額で66％減

となりました。リンゴでは，長野，秋田，岩手の3カ所で調査され，出荷金額で99%の減少というもっとも高い被害率を示しました。試験の初年度は病害虫が多発し，収量・品質共に極端に低下し，販売可能なものは皆無となり，樹そのものの衰弱も目立ちました。この比較試験での被害は当初の予想をはるかに上回るものであり，短期的にリンゴの無農薬栽培は不可能であることが実証されました。キャベツでは，群馬や和歌山など10カ所で調査し，害虫の被害により出荷金額で64%減となりました。春〜秋どりは約70%の収量減，被害の少ない冬どりも約30%の収量減となり，中には収穫が皆無になる例もあり，葉菜類の被害の大きさが確認されました。

今回の調査結果から，現状の栽培体系において農薬を使用しない，またはそれに代わる防除も行わない場合，農薬を慣行どおり使用する場合と比較して次の3点が確認されました。

・収量は低下する
・収穫物の品質は低下する
・その結果，収量の減少率以上に出荷金額の減少が起きる

現在の農業は，多くの農業技術の組合せと生産性，経済性を加味して営まれています。農薬を使用しないで現状の生産水準の維持を考えると，現行の栽培技術や労働力の見直しが必要となります。農業生産に甚大な被害をもたらす病害虫や雑草などを効率的かつ経済的に防除するために，適正な使用による農薬の有用性が明らかになったといえます。

## （4） 化学肥料の貢献

20世紀の食料問題は化学肥料の登場で明るい方向に向かいました。19世紀に発明された，空気中に存在する窒素を固定して化学肥料を製造する技術が実用化されたことによって，穀物の単

位当たりの収穫量は著しく向上しました。アメリカでは，化学肥料と農薬の使用中止による収量への影響について推定を行っています。それによるとトウモロコシ，ダイズやコムギなどで 38〜45％ の収量減と価格の上昇が予測され，ワタでは輸入する必要性が生じると報告されています。

さらに品種改良の技術が進歩し，大量に投与された肥料を吸収して結実する能力にすぐれた高収量品種が各種の穀物に登場し，世界の農業生産力を飛躍的に高めました。IRRI（国際稲作研究所）では，コメの増収要因について品種改良，肥料の投与増加と灌漑面積の増加の3つがそれぞれ4分の1ずつであり，残りの4分1がそれぞれの相乗効果に依存すると解析しています。

IRRI は国連の援助でフィリピンに 1962 年に設立された研究所で，各種の水稲品種が育成され，特に IR 8 は多収米として食料増産に貢献している国際的な研究機関です。

近年，化学肥料の低減の必要性は，環境保全と農産物の需給面から注目されています。環境保全からは，化学肥料の一部が地下水に浸透したり河川へ流入するため，地下水や湖沼，河川の汚濁の原因ともなっていることが指摘されています。化学肥料に係わる新しい開発動向については第5章で説明します。一方，農産物の需給面からは，健康によく安全で美味しい農産物へのニーズが高まっていることが指摘されています。環境負荷の低減を図る環境保全型農業の必要性が高まってきています。農業のもつ物質循環機能を活かして，農産物の生産能力を維持し，有機肥料を用いた土づくりなどを通して環境負荷の軽減が進められています。

## 1-2 病害虫との闘いの歴史

### (1) 病害虫の発生

　病原菌や害虫などの生物も，例えば森林のような自然の生態系では生物の種類数は多いが，種当たりの固体数は少なく，種間のバランスが保たれています。ところが，特定の植物を食料確保の目的で作物として栽培を始めると，その特定の植物に関係する生物種が主に生息し，その固体数が急激に増えます。これが農耕による病害虫の発生です。このように，人類が作物の栽培を始めると同時に，病害虫の発生が顕在化したことは，たやすく推し量ることができます。

　害虫を例にして考えると，害虫は自然に発生するものというよりは，むしろ作物の栽培条件や外国からの農産物の輸入を通じて人間がつくり出してきたものといえます。多収穫を目指した水稲の栽培が大害虫のニカメイチュウを増やした事実があります。すなわち，ニカメイチュウは窒素肥料を多く施して早植えした，茎の太い水稲では幼虫の成育がよく，1960年代前半に大発生しました。しかし，1970年以降は機械田植えが始まり，茎の細い，味のよい水稲品種に変わることにより，ニカメイチュウはもう見られない害虫になりました。その原因は，茎の細い水稲ではニカメイチュウの成育が著しく悪いためです。また，農産物の世界的流通も害虫をつくり出してきた人間の活動のひとつといえます。

　日本では明治以前の江戸時代は，鎖国により貿易がほとんどなかったため害虫も入ってきませんでした。しかし，明治以降は，果樹の振興で外国から輸入された苗木や穀物に混じって害虫が侵入してきました（表1-2）。こうした外国からの病害虫の侵入を防ぐために，1914年に輸出入植物取締法が，また1950年に植物

**表 1-2** 日本へ侵入した害虫の主な種類

| 害虫名 | 被害作物** | 侵入年 | 侵入源 |
|---|---|---|---|
| サンホーゼカイガラムシ | 果樹 | 明治初期？ | アメリカ？ |
| リンゴカキカイガラムシ | 果樹 | 明治初期？ | アメリカ他？ |
| リンゴスガ | 果樹 | 明治初期？ | ヨーロッパ？ |
| リンゴワタムシ | 果樹 | 1872年 | アメリカ・ヨーロッパ？ |
| ブドウネアブラムシ | 果樹 | 1882年 | アメリカ |
| ルビーロウムシ | 果樹 | (1884年) | 熱帯地域？ |
| エンドウゾウムシ | 貯蔵穀物 | 1887年？ | アメリカ？ |
| ヤノネカイガラムシ | 果樹 | (1898年) | 中国南部？ |
| イセリアカイガラムシ | 果樹 | 1908年 | アメリカ・台湾 |
| ソラマメゾウムシ | 貯蔵穀物 | (1926年) | イギリス・アメリカ？ |
| クリタマバチ | 果樹 | (1941年) | 中国 |
| ヤサイゾウムシ | 野菜 | (1942年) | ？ |
| アメリカシロヒトリ | 桑・樹木 | (1945年) | アメリカ |
| スイセンハナアブ | 花 | 1951年？ | オランダ |
| ジャガイモガ | イモ・野菜 | (1953年) | オーストラリア |
| スジコナマダラメイガ | 貯蔵穀物 | (1959年) | ？ |
| チューリップネアブラムシ | 花 | (1960年) | オランダ |
| マツノザイセンチュウ | 樹木 | (1969年) | アメリカ？ |
| ジャガイモシストセンチュウ | イモ | (1972年) | ペルー* |
| オンシツコナジラミ | 野菜・花 | (1974年) | ハワイ？ |
| イネミズゾウムシ | 稲 | (1976年) | アメリカ？ |
| ミナミキイロアザミウマ | 野菜 | (1978年) | 東南アジア？ |
| ミカンキイロアザミウマ** | 野菜・花 | (1990年) | アメリカ・ヨーロッパ？ |
| マメハモグリバエ** | 野菜・花 | (1990年) | アメリカ・ヨーロッパ？ |

桐谷圭治編『日本の昆虫―侵略と攪乱の生態学』1986, 東海大学出版会, より引用。( ) は発見年次, ？は推定, *は1960年頃侵入, **は小山重郎が加筆したもの。
出典：小山重郎, 害虫はなぜ生まれたのか, 東海大学出版会 (2000)

防疫法が制定されて輸出入植物の検査と取締りを行い，外国からの病害虫の侵入をくい止めてきました。最近はオンシツコナジラミやミナミキイロアザミウマなどの微小な昆虫が発見されており，特に野菜や花などにとって大害虫として大きな問題を投げ掛けています。

2000年に輸入された植物の検査数は，野菜で約13万件の121万トン，切り花で約10万件の16億4千万本となっており，検査数量は最近6年間では横這いの状況にあります（表1-3）。しかし，輸入植物の種類，輸出国（地域）の数は増加傾向にあり，現在，4600種以上の植物が160以上の国から輸入されています。

逆に日本から輸出された害虫としてアメリカで暴れている昆虫にコガネムシがいます。各種の作物に多大な被害を与えており，各国が植物防疫法に基づいて病害虫の侵出や侵入を防ぐ努力をし

表 1-3 日本における輸入植物の検査数量の推移（貨物）

| 品　名 | 単　位 | 1995年 | 1996年 | 1997年 | 1998年 | 1999年 | 2000年 |
|---|---|---|---|---|---|---|---|
| 栽植用植物（苗，苗木など） | 百万個 | 151 | 173 | 204 | 221 | 246 | 378 |
| 栽植用球根 | 百万個 | 513 | 610 | 619 | 632 | 651 | 668 |
| 栽植用種子 | 万トン | 3 | 3 | 2 | 3 | 3 | 3 |
| 切り花 | 百万本 | 1008 | 1201 | 1204 | 1376 | 1538 | 1638 |
| 生果実 | 万トン | 165 | 155 | 162 | 153 | 166 | 184 |
| 野　菜 | 万トン | 106 | 105 | 94 | 120 | 127 | 121 |
| 穀　類 | 万トン | 2832 | 2761 | 2898 | 2771 | 2908 | 2741 |
| 豆　類 | 万トン | 506 | 524 | 535 | 515 | 513 | 522 |
| 嗜好香辛料，肥飼料など | 万トン | 842 | 829 | 863 | 855 | 871 | 866 |
| 木　材 | 万m³ | 2196 | 2137 | 2060 | 1535 | 1653 | 1601 |
| 総　計 | 百万個(本) | 1672 | 1984 | 2027 | 2229 | 2435 | 2684 |
| | 万トン | 4454 | 4377 | 4392 | 4417 | 4588 | 4437 |
| | 万m³ | 2196 | 2137 | 2060 | 1535 | 1653 | 1601 |

出典：農林水産省植物防疫所，植物検疫統計，67（2000）より作成

ています。日本の立場からは，リンゴのコドリンガや火傷病，カンキツ類のチチュウカイミバエやナタールミバエなどが重要な病害虫に挙げられており，各国は自国の農産物の防疫対策に神経を尖らせています。過去数年でこの種の問題が，世界的に深刻化している事例として，畜産分野の口蹄疫と狂牛病（BSE；牛海綿状脳症）が挙げられます。今後，農産物のグローバル化が進めば，ますますこのような病害虫が拡がる恐れは高く，地球規模の植物防疫の取り組みがより重要となります。さらに帰化植物や帰化動物の問題も含めてグローバルな取り組みの強化が求められます。

### （2） 薬剤抵抗性の発現

古くは病害虫の防除法もなく，農民は「虫送り」の行事によって神仏に祈り五穀豊穣を願うだけでした。日本での冷害やいもち病による天明，天保の飢饉，ウンカによる享保の飢饉，ヨーロッパでのジャガイモ疫病による飢餓などは，歴史に残る悲惨なものでした。当時は病害虫が発生すれば，人為的にそれを抑える方法もなく度重なる飢餓を招いていました。

江戸時代初期の防除として，日本では主に鯨油が病害虫の防除薬剤として散布されていました。ヨーロッパでは19世紀末，ミラードによりフランスのブドウ酒の産地であるボルドー地方でボルドー液（生石灰・硫酸銅の配合）が開発されて以降，ようやく科学防除への道を歩み始めました。戦前の我が国では，ヒ素剤，除虫菊（ピレトリン），デリス剤（ロテノン）や粉煙草（硫酸ニコチン）などがすでに農薬として普及していました。特に戦後は有機合成農薬が登場して，病害虫防除の主力となり，食料の安定供給に大いに貢献しました。しかし，その後，DDT，BHCなど有機塩素系農薬の残留性や水銀，ヒ素などの有機重金属系農薬による安全性の問題が指摘され，人畜や環境に対する農薬の安全性

が大きく取り上げられました。

　DDT, BHC などの有機塩素系農薬は、そのすぐれた薬効により、長期に渡り多量に使用された結果、ハエやカなどで抵抗性の発現が確認されました。同じような抵抗性は、有機リン剤の殺虫剤についても確認され、最近はダニやアブラムシなどに顕著にこの現象が観察されています。すなわち、新農薬として試験段階では飛び抜けた効果が確認されても、長期に渡る安全性試験や薬効薬害試験が完了して商品化されると、すでに薬効は低下していることがあります。また、病原菌についても同じ現象が観察され、野菜類の灰色かび病やうどんこ病についてベンズイミダゾール剤、ジカルボキシイミド剤、SBI 剤などは、特に施設栽培において耐性菌問題が深刻化しています。

　抵抗性と耐性は同じ意味で用いられており、同じ薬剤を繰り返し使用することによって生物のある種の集団が、その薬剤の作用に耐える性質を獲得することです。その他に雑草やネズミなどについても抵抗性が観察されています。この抵抗性は、対象となる病害虫の遺伝子に変異が起こり、農薬の効力の低下により農薬の作用点への到達が妨げられるために発現します。昆虫では皮膚、植物では細胞壁や表層での農薬透過性がバリアーとなります。

　このような害虫の薬剤抵抗性の獲得や病原菌の耐性菌の発生は、現場での適正な散布回数が守られず過剰な使用頻度が主要な要因であり、まさにヒトが病害虫の発生を助長させているといえます。抵抗性や耐性の発現により、農薬の使用量が激しく増加し、生態系を乱す恐れが生じます。それを防ぐために、同じ作用性で商品名が異なる農薬についての情報が整理され、異なる作用特性の農薬のローテーションを守れば、もっと長期間に渡り効果的に農薬を活用することができ、病害虫とも上手く付き合うことができるものと考えられます。

しかし，殺菌剤のベンズイミダゾール剤とジカルボキシイミド剤のように異なるタイプであるが，類似した作用機構の農薬を何回も使用すると，交差抵抗性が発現することがわかっています。

従って，農薬のような化学的防除だけに頼らない耕種的防除，物理的防除や生物的防除の活用も検討していく必要があります。新農薬を開発するのに要する多大な時間と莫大な費用を考えると，現場における現在の普及体制のあり方を見直す必要があると考えられます。

ここで，交差抵抗性とは，ある薬剤の使用によって抵抗性が発達した生物が，それ以前に使用したことのない他の薬剤に対しても抵抗性を示す現象をいいます。

耕種的防除とは，抵抗性品種や台木の利用，土壌改良，耕起，施肥，水管理，作期の移動など栽培法の改善や被害植物の処理などにより，病害虫や雑草を防除することです。

## 1-3 アグロケミカルのリスクとベネフィット

### （1） 化学物質のリスク評価

農薬の安全性について説明する前に，化学物質のリスク（危険）評価について環境省の考え方を紹介します。各種製品の開発・生産・消費・廃棄を通じて極めて多種多様な化学物質が排出され，この中には有害性が十分に解明されないで使用，排出されているものもあり，ヒトの健康や生態系への悪影響が懸念されると環境省は指摘しています。これらの課題に対応するための技術として，化学物質の環境リスク（有害性と暴露）の評価，環境中の化学物質の測定及び排出状況の観測・監視・測定，生産過程における有害化学物質の排出抑制，そして有害化学物質の浄化に関する4つの技術を挙げています。

2001年4月からPRTR法（環境汚染物質排出移動登録）が施行され，特定第1種指定化学物質354種と特定第2種指定化学物質81種が選定されました。第1種については，排出状況の観測・監視・測定及び排出抑制が開始されています。この法律はこれまでのものとは異なり，事業者などの自主的な管理として有害化学物質の排出抑制を促すことが大いに期待されます。しかし，今回のリストの中には，日本で市販されている農薬が138種もあり，農薬取締法に基づく販売と使用の規制だけでなく，製造・消費・廃棄を通じての環境リスクと近隣住民とのリスクコミュニケーションのあり方が新たに問われようとしています。

　リスクコミュニケーションとは，化学物質による環境リスクに関する正確な情報を行政・事業者・国民・NGOなどのすべての者が共有しつつ，相互に意思疎通を図ることです。

　化学物質の安全性確保を主目的として，1973年に「化学物質の審査及び製造などの規則に関する法律」（化審法）は制定されました。化審法は，PCB（ポリ塩化ビフェニル）による環境汚染が発端となり，難分解性の性状を有し，かつヒトの健康を損なう恐れがある化学物質による環境汚染を防止することを目的にしています。化審法では，日本で新たに化学物質を製造または輸入しようとする場合，事前に国に届け出をしなければならない制度（事前審査）を重要な柱のひとつとしています。新規化学物質の届け出のフローに示すように研究開発用途，数量やポリマーなどによって対応が異なってきます（図1-5）。この法律が制定される前から実績のある既存化学物質については，国がその安全性の点検を行っており1997年までに1123物質について分解性，濃縮性などが検討されてそのデータが広く公表されています。

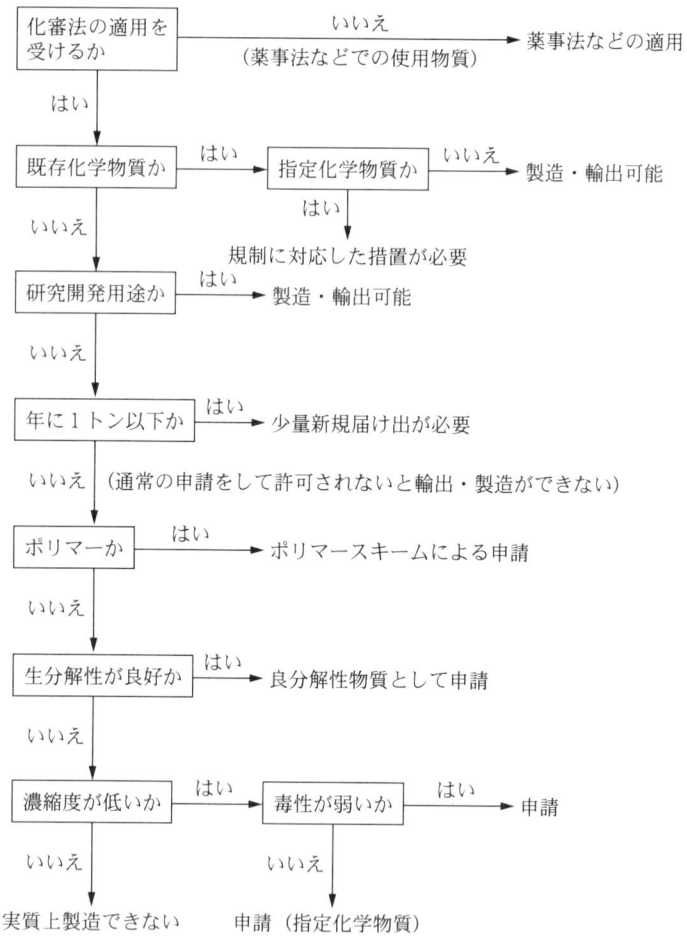

図 1-5　化審法確認の流れ図

## (2) 農薬の安全性評価

さて農薬のベネフィット（恩恵）とリスク（危険）について，近年さまざまな議論が行われているが，リスクのない安全な医薬品はないように農薬についても同じことが当てはまります。あるのは安全な使用方法のみであり，毒性や環境問題を十分に評価し，安全使用基準が設定されて初めて安全性を確保することができます。安全性評価試験の内容について，2000年11月に30年ぶりに大幅な改正が行われました。主な変更点は，急性神経毒性や水中運命に関する試験（水中における化学物質の代謝・分解を調べる試験）の新たな追加と水生動植物への影響や変異原性に関する試験項目の追加などです。変異原性とは，遺伝子に突然変異を誘発する性質を指し，広義にはDNAの損傷や染色体異常を誘発する性質も含みます。

農薬の安全性評価に関して，供試動物にマウス，ラット，ウサギやイヌなどを用いて毒性試験（動物実験）が行われます。動物実験には，急性毒性（経口，経皮，吸入，眼刺激，皮膚刺激，神経など），亜急性毒性（経口，遅発性神経など），慢性毒性（経口，発がん性など），特殊毒性（繁殖毒性，催奇性，変異原性など）があります。さらに動物体内での代謝試験（吸収，排出，分解，蓄積など），環境内動態に関する影響（作物・土壌における残留・代謝，物理化学的データなど），水生動物・野性動物に対する影響（ミツバチ，ミジンコなど）があります。

農薬の食品残留基準は，慢性毒性試験や農産物における農薬の残留に関する調査などをもとにして厚生労働省で決められます。まず，実験動物に毎日一定量の農薬を混入した飼料を長期間に渡り投与し，2世代以上に渡って子孫に及ぼす影響も調べ，何ら健康に影響が認められない量（無作用量）を求めます。次に人体許容1日摂取量（ADI）は，動物実験で得られた値を人間に当ては

★空ビンは圃場などに放置せず、3回以上水洗し、適切に処理する。
洗浄水はタンクに入れる。

★ラベルをよく読む。★記載以外には使用しない。★小児の手の届く所には置かない。

| 適用農薬名 | 適用作物 | 散布液100ℓ当り使用量 | 使用方法 |
|---|---|---|---|
| 殺菌剤・殺虫剤 | 野菜類 | 5～10 mℓ | 添加 |
| | りんご | | |
| 殺 菌 剤 | もも・稲<br>麦類・茶 | 10 mℓ | |
| 摘 果 剤<br>(NAC剤) | りんご | | |

⚠ 効果・薬害等の注意
● 作物の幼若期や高温などの一般に薬害が生じやすい条件下では使用をさける。
● 適用農薬によっては、このラベルに薬害の生じやすい作物、気象条件などが記載されているので、このような場合には本剤を添加しない。
● 殺菌剤に添加したりんごに使用する場合、落花期から落花後30日までは使用をさける。
● 使用後、容器・散布器具は必ず水でよく洗う。

⚠ 安全使用上の注意
● 散布液調製時には保護メガネを着用し、薬剤が眼にはいらないように注意。眼にはいった場合は直ちに十分に水洗し、眼科医の手当を受けるように注意。(強い刺激性)
● 皮ふに付着しないように注意。反応にに付着した場合は直ちに石けんでよく洗い落とすこと。(弱い刺激性)
● 魚毒性：Ⅲ類。貯鮮魚田での使用はさける。
● 保 管：密栓し、火気をさけ、食品と区別して、直射日光のあたらない冷涼な場所。

最終有効年月(西暦下2けた)底位に押印

ラベル成分：ポリナフタレンスルホン酸ソーダ塩アルキル
ジメチルアンモニウム..........18.0%
ポリオキシエチレン脂肪酸エステル..........44.0%
有機溶剤..........38.0%
水 等
性 状：淡黄色澄明液状乳剤
第2石油類「水溶性」
危険等級Ⅲ 換算液

500 mℓ入
展着剤
グミカ®
農林水産省登録第16024号

製造所：クミアイ化学工業株式会社 和歌山工場
花王株式会社 和歌山工場
花王株式会社 東京豊島工場
取扱 JA 全農

全農 登録番号 1902445号

図 1-6 農薬のラベル事例(展着剤グミカ)

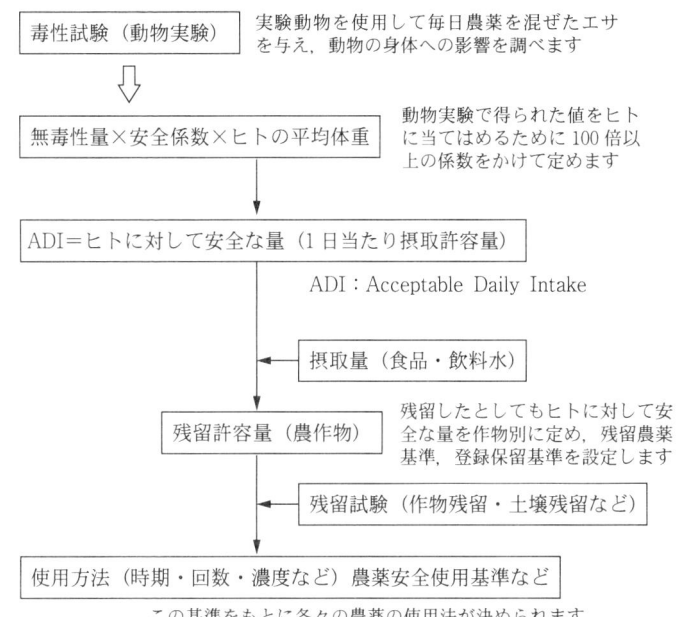

図 1-7 農薬の安全性評価と基準の設定

めるため100倍以上の係数を乗じて算出されます。食品衛生法によって定められる残留基準は，許容限界を超えてはならない数字で，下記の式によって求められます。

農作物の残留許容量(ppm)

　　＝ADI(mg/kg/日)×体重(kg)÷適用農産物摂取(kg/日)

この残留基準に対して，これを超えないように農薬の使用濃度，散布量，使用回数や使用時期について作物と農薬の種類ごとに農林水産省が農薬の安全使用基準を設定します。その設定された安全使用基準は，各農薬のラベル（図1-6）に記載され，使用者である農業従事者や生産者は安全な農産物づくりのためにこの使用基準を守る義務があります（図1-7）。1992年に農林水産省

から公表された安全使用基準は，関係機関の協力を得てその指導・徹底が図られており，2001年4月に一部改正し，公表されています。

　国や都道府県の衛生研究所や農業試験場などの機関は，市場や産地などで農産物の農薬残留調査を実施しています。農薬の使い方を誤ると，基準を上回る量の農薬が農産物に残る恐れがあります。市場に出た農産物から基準値を上回る農薬が検出されると，その農産物は販売停止となり市場への出荷もできず，産地全体が大きな打撃を受けることになるので，基本的に安全使用基準はしっかりと遵守されています。

## （3）　農薬登録システム

　農薬に関する法律は，農薬を規制する法律と農薬を使用する背景となる法律に分類できます。農薬を規制する法律として，農薬取締法，毒物及び劇物取締法，食品衛生法やPRTR法などがあ

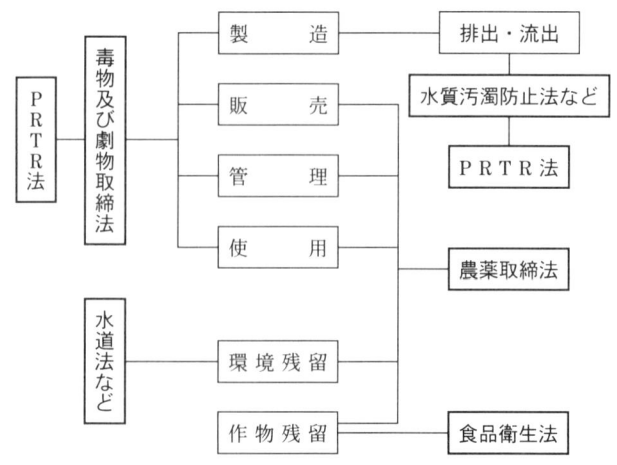

図 1-8　日本での農薬を規制する法律

ります (図 1-8)。他方，農薬を使用する背景としては，食料・農業・農村基本法（新農業基本法），食糧管理法や植物防疫法などがあります。農薬に関する法律の中で，もっとも広範囲に係わる法律が農薬取締法であり，農薬の安全かつ適正な使用の確保を図るために 1948 年に制定されています。その後，1971 年に大幅に改正されており，2000 年 11 月に 30 年ぶりに見直されました。

毒物及び劇物取締法では，急性毒性試験に基づいて対象の化学物質の毒性を次のように定めています。

|  | **毒物** | **劇物** |
|---|---|---|
| 経口　$LD_{50}$(mg/kg) | 30 以下 | 300 以下 |
| 経皮　$LD_{50}$(mg/kg) | 100 以下 | 1000 以下 |
| 吸入　$LC_{50}$(ppm/h) | 200 以下 | 2000 以下 |

この場合，眼の粘膜に対する刺激性や解毒法の有無なども考慮され，硫酸，石炭酸や苛性ソーダと同等以上の刺激性をもつ化学物質は劇物に指定されます。なお，毒物や劇物に指定されなかった化学物質は**普通物**と呼ばれ，最近の新規原体はこの普通物が主体になっています。

農薬取締法とは，農薬の登録制度を設け，販売と使用の規制を行うことにより，農薬の品質の適正化と安全で適正な使用の確保を図り，それによって農業生産の安定，国民の健康の保護，国民の生活環境の保全に寄与することを目的としています。従って農薬取締法に基づいて，農薬の製造者または輸入業者は，製造，加工または輸入して販売しようとする農薬について，農林水産大臣の登録を受ける必要があります。

農薬登録の申請から登録までの過程について説明します (図 1-9)。申請者は，農薬登録申請時に登録申請書，農薬抄録，各種の試験資料（薬効薬害試験，毒性試験，残留試験，物理化学的データなど）と併せて農薬見本を添付してまず農薬検査所に提出し

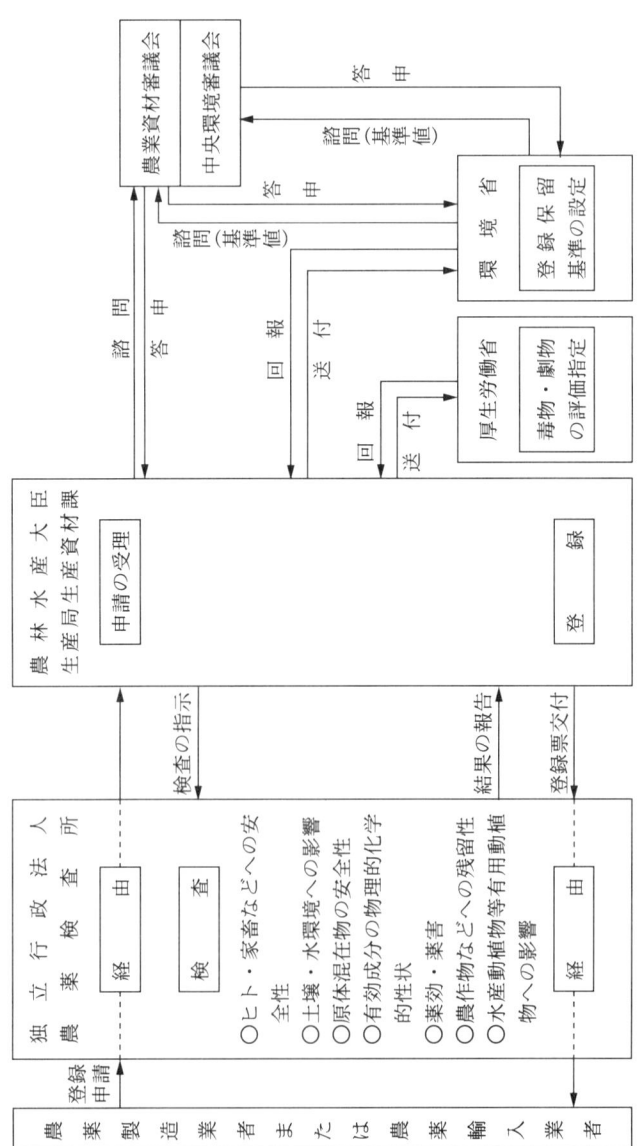

図 1-9　農薬登録のしくみ（出典：農林水産省植物防疫課監修，農薬要覧 2001 年版，日本植物防疫協会 (2001)）

ます。農薬検査所を経由して安全性に関する資料は農林水産省,環境省,厚生労働省の各担当課及び農業資材審議会農薬部会,中央環境審議会の諮問,答申を受けます。この過程でADI,登録保留基準,農薬残留に関する安全使用基準,適正な使用方法が決まります。審査の結果,問題のない農薬は登録され,農林水産大臣の登録票が農薬検査所を経由して申請者に交付されます。

登録された農薬は,公簿に登載され官報に告示されます。登録の有効期間は3カ年間で,3年ごとに再登録の更新手続きが必要となります。更新の都度,登録改正に基づく新たな試験の実施及び資料の提出が必要となります。このようなプロセスを経て,新農薬のベネフィット(恩恵)とリスク(危険)が適正に評価されることにより,安全性が確保された使用方法が確立されます。

# 第2章 農薬概論

## 2-1 農薬の分類と出荷実績

農薬は用途からの分類が一般的で、殺虫剤、殺菌剤、除草剤、植物成長調整剤（植調剤）と展着剤などがあります。平成12農薬年度（1999年10月～2000年9月）の実績では国内出荷金額で3847億円です。また、我が国で農薬登録を取得した製品数は約6000種で、農薬原体（有効成分）は約530種です。用途別の出荷でみると殺虫剤34.9%、除草剤29.8%、殺菌剤23.6%の実績であり、約3割ずつとなっています（図2-1）。最近の傾向として、水稲での農薬使用が全体の4割弱を占めているものの、減反の影響により水稲分野は減少傾向にあります。一方で野菜・畑作分野は増加の傾向にあり、食生活の多様化がうかがえます。日本の農薬出荷金額は4000億円弱であり、世界市場の約3兆円の1割強を占めており、アメリカに次いで世界第2位の市場です。また、製剤の剤型からの分類もあるが、それは第3章で取り上げることにします。

農薬は化学物質であり化学名がついているが、それは難しいのであまり用いられていません。一般に農薬会社の商品名、種類名やISO（国際標準化機構）名の複数の名称が使用されているため、複雑化しています。さらに代表的な農薬の一例からもわかる

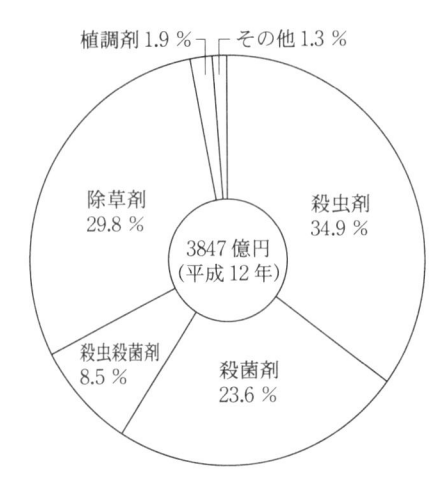

図 2-1 農薬の出荷金額（農林水産省植物防疫課監修，農薬要覧2001年版，日本植物防疫協会（2001）より作成）

ように，ひとつの種類名に対して複数の商品名があり，現場での混乱を招いています（表2-1）。行政はISO名の使用を推奨しており，最近上市される新農薬は種類名とISO名が一致しているものの，以前に上市された農薬の一部にISO名がないものや種類名との不一致が見られます。従って現場での混乱を避けるため，種類名，ISO名と商品名の対比の整理が重要になります。

ISO（国際標準化機構）は工業及び科学技術上の規格の標準化と調整を推進する国際的機関です。農薬の一般名はISOの農薬一般名専門委員会で審議され，決められています。

### （1） 殺虫剤

一般に殺虫剤（Insecticide）は害虫を殺す薬剤という意味です。しかし，防除対象となるのは昆虫である害虫以外にダニ（殺ダニ剤），線虫（殺線虫剤），ネズミ（殺そ剤）なども含みます。

表 2-1 代表的な農薬の名称事例

| 種類名 | ISO名 | 商品名 | 化学名 |
| --- | --- | --- | --- |
| MEP | フェニトロチオン | スミチオン | $o,o$-ジメチル-$o$-(3-メチル-4-ニトロフェニル)チオホスフェート |
| PAP | フェントエート | エルサン,パプチオン | ジメチルジチオホスホリルフェニル酢酸エチル |
| マラソン | マラソン | マラソン | ジメチルジカルベトキシジチオホスフェート |
| フサライド | なし | ラブサイド | 4,5,6,7-テトラクロロフタリド |
| ジネブ | ジネブ | ダイファー,ダイセン | ジンクエチレンビスジチオカーバメート |
| TPN | クロロタロニル | ダコニール,パスポート | テトラクロロイソフタロニトリル |
| チオファネートメチル | チオファネートメチル | トップジンM | 1,2-ビス(3-メトキシカルボニル-2-チオウレイド)ベンゼン |
| DCMU | ジウロン | カーメックスD,DCMU,ダイロン | 3-(3,4-ジクロルフェニル)-1,1-ジメチル尿素 |
| グリホサートイソプロピルアミン塩 | グリホサートイソプロピルアミン塩 | ラウンドアップ,ポラリスなど | イソプロピルアンモニウム=N-(ホスホノメチル)グリシナート |
| エテホン | なし | エスレル | 2-クロロエチルホスホン酸 |
| メピコートクロリド | メピコートクロリド | フラスター | 1,1-ジメチルピペリジニウム=クロリド |

殺虫効果の発現からみると,直接に害虫を殺すもの,害虫を作物などに寄せつけない忌避剤,害虫をおびき寄せる誘引剤,害虫の生殖能力を奪う不妊剤などがあります。また害虫に直接かけて発現するもの,薬剤がかかった作物を害虫が食べることにより効果が発現するもの,散布後にガス化して害虫に効果が発現するものなどに分類することもできます。

化学構造から分類すると，有機リン系（スミチオン，バイジット，オルトラン，ダイアジノンなど），カーバメート系（ランネート，オンコル，バイデート，アドバンテージなど），有機塩素系（ケルセン，アカールなど），合成ピレスロイド系（トレボン，スミサイジン，ロディなど），天然系殺虫剤（除虫菊剤，硫酸ニコチン剤，デリス剤，マシン油剤など）などがあります。

殺虫剤の作用特性から分類すると，神経機能の阻害，代謝系の阻害やホルモン機能のかく乱などがあります（表2-2）。

殺虫剤は害虫を殺す目的の薬剤であるため，当然，人畜や水生動物に影響を与え，戦前や戦後の直後には毒性の強い重金属，パラチオン，アルドリン，DDT，BHCなどが多量に使用されていました。これらは，1971年の農薬取締法の改正後すでに製造中止になっています。しかし，未だに生態系に一部残留しており大きな問題となっています。現在，市販されている殺虫剤は人畜毒性の低い普通物レベルのものが増えています。

また，さまざまな害虫に非選択的に効果の発現する殺虫剤は，天敵を排除して生物的防除に成功していた害虫やそれまでに問題になっていなかった病害虫を突然に増加させることがあります。この現象を生態的な誘導多発（リサージェンス）と呼びます。我が国では，合成ピレスロイドの過剰な使用により，ハダニ類，ツマグロヨコバイ，ハスモンヨトウなどで多発が知られています。最近は，リサージェンス対策として薬効薬害試験の際に天敵に対する影響も十分に検討されて上市されています。

害虫防除について，総合的有害生物管理（IPM：Integrated Pest Management）が注目されています。人畜や環境への影響がなく，天敵への影響の少ないさまざまな防除手段を総合的に組み合わせて，害虫をあまり被害の出ない量に管理しておくものです。これは総合防除と称されていた考えが発展したもので，第4

## 2-1 農薬の分類と出荷実績

**表 2-2** 作用特性からの殺虫剤の分類

| 作 用 点 | 主 要 な 殺 虫 剤 |
|---|---|
| 神経機能の阻害 | 有機リン系(スミチオン,オルトラン,ダイアジノン,ディプテレックス,マラソン,エルサン,サイアノックス,バイジット,オフナック,レルダン,ダーズバン,EPNなど),カーバメート系(オンコル,バイデート,アドバンテージ,ランネート,デナポン,セビン,ピリマー,ラービン,ツマサイド,バッサなど),環状ジエン系(マリックス,アルドリン*など),ニコチン系(硫酸ニコチン,ブラックリーフなど),カルタップ(パダン,エムシロンなど),ピレスロイド系(トレボン,ロディ,アディオン,スミサイジン,アグロスリン,カダン,サイハロン,バイスロイド,スカウトなど),ネオニコチノイド系(アドマイヤー,モスピラン,ベストガード,ダントツなど),有機塩素系(ケルセン,DDT*,$\gamma$-BHC*) |
| 代謝系の阻害 | |
| ・エネルギー代謝系の阻害 | 臭化メチル,クロルピクリン,D-D,ヒ酸鉛*,EDB* |
| ・ミトコンドリア呼吸系の阻害 | ロテノン(デリス,デトールなど),青酸(チバクロン),リン化水素(ホスファイン),ジニトロフェノール剤(殺ダニ剤),有機スズ剤(オサダン,プリクトラン*) |
| ・キチン合成阻害 | ベンゾイルフェニル尿素系(デミリン,アタブロン,カスケード,コンセルト,マッチ,ノーモルト),ブプロフェジン(アプロード) |
| ・クチクラ硬化 | シロマジン(トリガード) |
| ホルモン機能のかく乱 | |
| ・幼若ホルモンの異常化 | フェノチオカルブ(インセガー*),ピリプロキシフェン(ラノー) |
| ・脱皮ホルモンの異常化 | テブフェノジド(ロムダン,ガードワン),クロマフェノジド(マトリック) |

*は農薬登録失効,( ):商品名
出典:高橋信孝ら,新版農薬科学,文永堂(2001)を参考にして作成

章で詳細に説明します。

　日本の農産物が面積当たりの収量が非常に高く，品質もよいのは，栽培技術の向上，多肥料の増収技術や農薬による防除技術などによっています。しかし，外観を大切にしたり，過度な品質維持のため散布回数が多くなる傾向があり，殺虫剤に対する抵抗性が問題になっています。作用特性の異なる殺虫剤のローテーションを心掛けると共に，物理的な作用特性をもつマシン油乳剤などの活用も大切です。また最近は害虫も自然の一部と考え，害虫や天敵と一緒に生活する環境をつくろうとしており，蚕やミツバチなどに対する影響にも十分な注意が必要となります。

### （2）　殺菌剤

　殺菌剤（Fungicide）は，その名が示すように菌類や細菌類による病気の予防や治療のための薬剤です。ウイルス病に対する薬剤は別名で抗ウイルス剤と呼び，アルギン酸剤（モガノン），シイタケ菌糸体抽出物剤（レンテミン），こうじ菌産生剤（アグリガード）の3種のみが登録されています。これらは植物体への浸透移行がないため，昆虫媒介によるウイルス病には効きません。従って，ウイルスを伝播する昆虫などを薬剤で防除したり，作物の遺伝子操作をしてウイルス耐性をつけるなどの対策がなされています。

　植物の病気に多いのが糸状菌（シジョウキン）であるのに対し，ヒトの病原菌の多くは細菌（バクテリア）です。糸状菌は真核生物（細胞内に核が存在する生物）で，細菌は原核生物（細胞内に核のない生物）であり，両者には大きな違いがあります。

　殺菌剤を使用法からみると，種子消毒，土壌殺菌，葉や茎への散布などがあります。使用する時期の違いから，病気にかかる前に使用する予防薬と罹病してから使用する治療薬とに分けること

もあります。また，農産物の大量貯蔵や遠隔地輸送における腐敗防止を目的とした用途も増えています。

　殺菌剤を化学構造から分類すると，硫黄系（ジチオカーバメート剤：ジマンダイセンやダイセンなど，プロピネブ剤：アントラコール，無機硫黄剤：石灰硫黄剤，水和硫黄剤など），銅系（無機銅剤：ボルドー液など，有機銅剤：キノンドー，オキシンドーなど），ポリハロアルキルチオ系（キャプタン剤：オーソサイド），ベンゾイミダゾール系（ベンレート，トップジン M など），ジカルボキシイミド系（ロブラール，スミレックスなど），有機リン系（ヒノザン，キタジン P など），有機塩素系（ダコニール，ラブサイドなど），抗生物質（ポリオキシン，ブラストマイシン S など）などがあります。

　殺菌剤を作用特性からみると，多作用点の阻害，呼吸系の阻害，菌体成分の生合成の阻害，細胞分裂の阻害や細胞膜の機能を阻害するものなどがあります（表 2-3）。その中で，菌の細胞膜の形成に重要なステロールを生合成阻害する剤（SBI 剤；バイコラール，リドミル，チルト，トリフミン，マネージなど），担子菌から発見されたストロビルリン剤（アミスター，ストロビーなど）やカルベンダジムになって効果が発現するベノミル剤（ベンレート）やチオファネートメチル剤（トップジン M）などがあり，殺菌剤の種類は多種多様です。

　我が国で，もっとも重要な病気のひとつが水稲のいもち病であり，以前は有機水銀が使用され残留した水銀が大きな問題を起こしました。現在ではプロベナゾール剤（オリゼメート），ピロキロン剤（コラトップ），トリシクラゾール剤（ビーム），フサライド剤（ラブサイド），イソプロチオラン剤（フジワン）などの病原菌への選択性の高い有機化合物が使用されています。

　いもち病の病原菌は *Pyricularia oryzae*（糸状菌）で，葉いも

表 2-3 作用特性からの殺菌剤の分類

| 阻害の種類 | 作用点 | 主 要 な 殺 菌 剤 |
|---|---|---|
| 多作用点阻害 | 種々のSH酵素など | 銅剤(ボルドー液,キノンドー,ヨネポンなど),ジチオカーバメート剤(ダイセン,ダイファー,ジマンダイセンなど),キャプタン剤(オーソサイド,キャプタンなど),TPN剤(ダコニール,パスポートなど) |
| 呼吸系阻害 | 酸化的リン酸化電子伝達系 | PCP*<br>オキシカルボキシン(プラントバックス),メプロニル(バシタック),フルトラニル(モンカット),メトミノストロビン(オリブライト),クレソキシムメチル(ストロビー),アゾキシストロビン(アミスター) |
| 菌体成分の生合成阻害 | タンパク質合成系 RNA合成系 | ブラストサイジンS剤,カスガマイシン剤 フェニルアミド系(リドミル,サンドファなど) |
| | DNA合成系 | オキソリニック酸(スターナ) |
| | リン脂質合成系 | IBP(キタジンP),EDDP(ヒノザン),イソプロチオラン(フジワン) |
| | ステロール合成系 | SBI剤(バイレトン,トリフミン,バイコラール,ルビゲン,サプロール,スコア,ホクトガード,ラリー,マネージ,ヘルシード,アンビルなど) |
| | キチン合成系 | ポリオキシン剤 |
| | メラニン合成系 | フサライド(ラブサイド),ピロキロン(コラトップ),トリシクラゾール(ビーム),カルプロパミド(ウイン) |
| 細胞分裂阻害 | 微小管形成 | ベノミル(ベンレート),チオファネートメチル(トップジンM) |
| 細胞膜機能阻害 | 物質透過性 | フェリムゾン(タケヒット,タケプラス),プロシミドン(スミレックス) |
| そ の 他 | 作物病害抵抗性増強 | プロベナゾール(オリゼメート),ホセチル(アリエッティ) |

*は農薬登録失効,( ):商品名
出典:農薬ハンドブック1995年版編集委員会編,農薬ハンドブック1995年版,日本植物防疫協会(1995)を参考にして作成

ちと穂いもちの発生があります。近年は夏期の低温，多雨などの異常気象で多発し，水稲にとってもっとも重要な病気です。

### (3) 除草剤

除草剤 (Herbicide) は，農作物や植物の生長に害を与える雑草の防除に使用される薬剤のことです。近年，農耕地のみならず森林，ゴルフ場，空き地，運動場，墓地や鉄道線路などで広く使用されています。日本での出荷金額は農薬の中で第2位ですが，世界市場でみると第1位であり，もっとも需要が高い農薬です。除草剤も最初は塩素酸ソーダや硫酸銅などのような無機化合物で植物に非選択的に作用し，皆殺しタイプのものでした。戦後に広葉の植物（雑草）に効くが，イネ科の植物（作物）には安全な 2,4-D (2,4-Dichlorophenoxyacetic acid) が発見され，これが契機となって選択性除草剤が開発されました。

現在の除草剤は2つの特徴があります。ひとつ目はその作用が植物に特有なもので，人畜に対する毒性が低いことです。2つ目は，作物とターゲットとなる雑草との選択性を発現させる作用特性をもつことが挙げられます。

除草剤を使用法からみると，土壌処理型と茎葉処理型の2つがあります。前者は雑草発生前に農耕地の土壌に散布するもので，後者はすでに繁茂している雑草の茎葉に散布して枯死させるものです。水田の除草剤には，茎葉兼土壌処理剤というものもあります。また，非選択性除草剤と呼ばれるグループは，作物も含めてすべての植物を枯死させるもので，果樹園や桑園の下草，鉄道線路，運動場や堤防などに使用されています。

除草剤を化学構造からみると，フェノキシ系，ジフェニルエーテル系，カーバメート系，酸アミド系，尿素系，ダイアゾール系，ビピリジリウム系，有機リン系や脂肪酸系などが挙げられ，

表 2-4 作用特性からの除草剤の分類

| 作用点 | 主要な除草剤 |
|---|---|
| 光合成電子伝達阻害 | 酸アミド系（ブタクロール、アージラン、ソルネット、デュアール、DCPA、ラッソーなど）、尿素系（リニュロン、DCMU、カーメックスなど）、トリアジン系（シマジン、ゲザガード、ベルパーなど）、ダイアジン系（ハイバーX、レナシルなど）、フェノール系（アクチノール、PCP*） |
| 活性酸素発生（光白化型）・プロトポルフィリノーゲンIX酸化酵素阻害 | ジフェニルエーテル系（エックスゴーニ、モーダウン、MO*）ダイアゾール系（サンバード、ロンスター、ユカワイド、パイサーなど）、フェニルイミド系 |
| ・ラジカル化 | ビピリジリウム系（プリグロックス、マイゼット、レグロックスなど） |
| 色素・脂質生合成阻害・カロチノイド生合成阻害 | ピリダジノン（ピラミー**） |
| ・脂肪酸生合成阻害 | フェノキシ系（2,4-D、ザイトロン、フローレ、ワンサイドなど）、シクロヘキサンジオン系**、酸アミド系、カーバメート系（サターン、ベタナールなど） |
| アミノ酸生合成阻害・アセトラクトース合成酵素阻害 | スルホニル尿素系（フジグラス、プッシュ、ゴルボ、ウルフ、ザークの一成分）、イミダゾリノン系（パワーガイザー）、ピリミジニルサリチル系（グラスショート、ステーブル**） |
| ・EPSP合成酵素阻害 | 有機リン系（ラウンドアップ、ポラリスなど） |
| ・グルタミン合成酵素阻害 | 有機リン系（バスタ、ハヤブサ、ハービーなど） |
| タンパク質生合成阻害 | 有機リン系、カーバメート系、酸アミド系 |
| 細胞分裂阻害 | ジニトロアニリン系（トレファノサイド、バナフィン、ゴーゴーサンなど）、有機リン系、カーバメート系 |
| 植物ホルモン作用かく乱 | フェノキシ系、芳香族カルボン酸系（アーセナル、ダクタールなど） |
| 酸化的リン酸化阻害（脱共役によるATP生成阻害） | フェノール系（アクチノール、PCP*） |

*は農薬登録失効、**は海外で登録取得、（ ）：商品名
出典：農業ハンドブック1995年版編集委員会編、農薬ハンドブック1995年版、日本植物防疫協会（1995）を参考にして作成

その種類は実に多種多様で広範囲に渡っています。作用特性からみると，光合成阻害，活性酸素発生，色素・脂質生合成阻害，植物ホルモン作用かく乱やアミノ酸生合成阻害などが挙げられ，植物での作用点が中心です（表2-4）。

日本では，水稲用除草剤が第一に優先されて開発され，数多くの製品が上市されています。特にスルホニルウレア系化合物（プロスパーS，ウルフエース，ゴーゴーサンなど）やシハロホップブチル剤（クリンチャー，パピカ，ホクトなど）などが主流です。非選択性除草剤ではアミノ酸にリン酸が結合した除草剤であるグリホサートイソプロピルアミン塩剤（ラウンドアップ，ポラリスなど），グルホシネート剤（バスタ，ハヤブサなど），カチオン型のパラコート剤（グラモキソン，パラゼットなど）やDCMU剤（カーメックスD，ダイロンなど）などがあります。

農業は雑草との闘いといわれるように水田や畑に繁茂した雑草

**表 2-5** 省力化したコメづくり

(単位：10 a 当たり時間)

|  | 1960年 | 1998年 | 省力率(%) |
|---|---|---|---|
| 苗　　　　代 | 9.2 | 4.23 | 54.0 |
| 耕起・整地 | 17.0 | 4.48 | 73.6 |
| 田　　　　植 | 26.5 | 4.98 | 81.2 |
| 除　　　　草 | 26.7 | 1.90 | 92.9 |
| 水　管　理 | 22.1 | 7.33 | 66.8 |
| 稲刈・脱殻 | 63.2 | 5.92 | 90.6 |
| そ　の　他 | 9.3 | 6.11 | 34.3 |
| 合　　　　計 | 174.0 | 34.95 | 79.9 |

出所：農林水産省「米生産費調査」
出典：藤岡幹恭，小泉貞彦，おもしろくてためになる最新農業の雑学事典，日本実業出版社（2000）

を取り除くことは，目的とする農産物を生産するために重要な作業です。雑草を取る除草作業は農作業の中でも特に重労働で，真夏の炎天下での水田除草は大変な苦労でした。その苦痛を農作業者から取り除いたのが除草剤であり，省力化の観点から近代農業にとって，ますます需要の高くなる薬剤です（表2-5）。1960年と1998年の各作業の時間を比べると，約9割も除草作業が省力化されていることがわかります。

### (4) 植物成長調整剤

植物成長調整剤（植調剤，PGR：Plant Growth Regulator）は，今までのような殺し屋タイプではなく，農作物である植物体に直接に作用を及ぼす薬剤のことです。植物の生理機能に影響を及ぼし，収穫物の商品価値を高め，また収穫を容易にするために用いられます。植物が示す生理機能はさまざまで多岐に渡り，植物の種子が発芽し生長して，目的とする農作物が得られるまでの各段階にこの薬剤は関与します。具体的には発芽抑制剤，発根・発芽促進剤，摘果剤，摘蕾（てきらい）剤，落葉剤や生長抑制剤などがあります。これらは主として果樹や野菜の場面に広く使用されています（表2-6）。

植調剤は，主として植物ホルモン作用をもとにした薬剤が上市されています。植物ホルモンとしてオーキシン，ジベレリン，サイトカイニン，アブシジン酸，エチレンそしてブラシノライドの6つがあります。

**オーキシン**

ギリシア語で生長するという意味のオーキシンの存在を最初に考えた人は，「種の起源」で有名なダーウィンで1880年のことです。オーキシンの作用としては，茎や鞘葉の伸長，光や重力による屈曲，不定根や分岐根の形成，木部の分化，果実の生長，形成

**表 2-6** 植物成長調整剤が使用される代表的な園芸作物と使用目的

| 作物名 | 使用目的 | 農薬名（商品名） |
|---|---|---|
| カンキツ・ミカン | 浮皮軽減 | エチクロゼート（フィガロン） |
| | 浮皮軽減及び果皮水分減少促進 | 炭酸カルシウム（クレフノン） |
| | 夏秋梢伸長抑制 | マレイン酸ヒドラジド（エルノー） |
| | 熟期促進 | エチクロゼート（フィガロン） |
| | 新梢発生促進 | ベンジルアミノプリン（ビーエー） |
| | 新梢伸長抑制 | パクロブトラゾール（バウンティ） |
| | 全摘果 | エチクロゼート，エテホン（エスレル） |
| | 着花促進 | ベンジルアミノプリン（ビーエー） |
| | 花芽抑制による樹勢の維持 | ジベレリン（ジベレリン） |
| | 間引摘果 | ジクロルプロップ（エラミカ） |
| ブドウ | 果実肥大促進 | ホルクロルフェニュロン（フルメット） |
| | 果房伸長促進 | ジベレリン |
| | 熟期促進・果実肥大 | ジベレリン |
| | 新梢伸長抑制 | マレイン酸ヒドラジド（エルノー） |
| | 着粒安定・果粒肥大促進 | ジベレリン |
| | 着粒増加 | メピコートクロリド（フラスター） |
| | 着粒増加・果粒肥大促進 | ジベレリン |
| | 花振い防止 | エテホン，ベンジルアミノプリン，ホルクロルフェニュロン（フルメット） |
| | 無種子化・果粒肥大促進 | ジベレリン |
| | 無種子化・熟期促進 | ストレプトマイシン（ストマイ） |
| ナス | 蒸散抑制による萎凋防止 | ワックス（グリンナー） |
| | 着果数増加 | ジベレリン |
| | 着果増進・果実の肥大促進 | クロキシホナック（トマトラン） |
| | 着果増進・果実と熟期の肥大促進 | 4-CPA（トマトトーン） |
| | 穂木の萎凋軽減 | パラフィン（純グリーン） |
| キク | 開花抑制 | エテホン（エスレル） |
| | 花首伸長抑制 | パクロブトラゾール（ボンザイ） |
| | さし木の発根促進・発生根の増加 | インドール酢酸（オキシベロン） |
| | 節間伸長抑制 | ウニコナゾールP（スミセブン），ダミノジッド（ビーナイン） |
| | 発根促進 | ヒドロキシイソキサゾール（タチガレン） |

層の活性と葉の上偏生長（エピナスティー）などの促進作用が知られています。その反面，根の伸長，葉の老化や落花を抑制する作用もあります。現場ではトマトやナスなどの着果や果実肥大の促進などに利用されています。

ここで上偏生長とは，背腹性をもつ植物の葉や側枝などの器官の上側の生長が下側の生長より大きいために起こる曲がりの生長運動で，その結果，葉と側枝が凸状になることをいいます。

**ジベレリン**

ジベレリン研究の発端は1926年日本人研究者によるもので，馬鹿苗病菌が稲苗を異常に伸長させる毒素を産生していることを発見しました。ジベレリンという名称は，馬鹿苗病（*Gibberella fujikuroi*）の学名に由来しています。ジベレリンの研究が進み，高等植物や微生物から単離され，その構造が確定したジベレリンは120種以上もあります。ジベレリンは，普通に生育している植物（無傷植物）の生長を促進しますが，オーキシンが無傷植物に生長効果を示さないことと対照的です。花芽の分化している植物の開花や発芽に光が必要な植物を，暗黒下に保管しても発芽を促します。特にブドウの単為結果を促進する作用は，デラウェアや巨峰などのタネなしブドウ生産に有効であり，さらに果粒の肥大促進も認められ，現場で必須の薬剤になっています。

水稲は馬鹿苗病にかかると，苗の草たけが異常に伸長し，正常の2倍くらいになり葉は淡くなります。この苗を本田に移植しても徒長しつづけ，穂を出さずに枯れてしまい，伸びるだけで穂ができないことから馬鹿苗病と名づけられています。

**サイトカイニン**

サイトカイニンについては，1930年頃からの植物の組織培養（カルス）の研究において細胞分裂を促進する物質の存在が考えられ，1956年にカルスを増殖させる物質を単離し，カイネチン

と命名されました。その後，多数のカイネチン様物質が単離され，これら一連の物質をサイトカイニン（細胞分裂促進物質）と呼ぶようになりました。サイトカイニンには大別してカルスと個体の2つのレベルでの生理作用があります。カルスレベルではカルス増殖，芽や根の形成に作用します。個体レベルの作用として，葉の老化の抑制，緑色の保持，栄養分の集積，発芽促進，リンゴの単為結果，ブドウの着果促進，ブドウやリンゴなどの果実の生長促進などがあります。

カルスとは，組織培養片を培養した時に形成される無定形の細胞塊です。元来，植物体が傷ついた時に周辺細胞が分裂をはじめ，肉塊状に無定形な癒傷組織が盛り上がってくるものです。

**アブシジン酸**

アブシジン酸は1963年にワタの果実から抽出，単離されました。オーキシンやジベレリンが，植物以外の生物から発見され，やがて植物から単離されたのと対照的に，アブシジン酸は芽の休眠や葉・果実の脱離現象から発見された植物ホルモンです。アブシジン酸は無傷植物に与えると，生長を著しく抑制する抑制型の植物ホルモンです。アブシジン酸の生理作用としては，葉や果実などの脱離，種子や芽の休眠誘導及び生長の阻害があります。またストレスホルモンとも呼ばれ，乾燥，湛水，高温，低温や養分欠乏などの不良環境条件下でその生成量が増大します。この利用はまだ研究段階ですが，将来は不良環境条件下での実用化が大いに期待されます。

**エチレン**

エチレンは1934年にリンゴの果実から発生するガス中に含有されていることが，イギリスの研究者により確認されました。しかし，エチレンが植物ホルモンとして注目されたのは，ガスクロマトグラフィーが開発された1960年以後のことです。エチレン

は，球根の休眠打破，生長の促進あるいは抑制，側枝の伸長促進，葉・花または果実の脱離促進，開花の促進，果実の成熟促進，葉緑素の分解促進，雄花の雌花化，呼吸作用の促進，タンパク質合成の促進，老化促進，耐病性の増大，他感作用（アレロパシー）など，多様な生理作用があります。実用場面としてはバナナの熟期促進やパイナップルの開花促進などがあります。

### ブラシノライド

6番目の植物ホルモンとしてブラシノライドがあります。1979年にアメリカの研究者が，西洋アブラナの花粉から伸長促進物質を単離しました。この物質は，動物の性ホルモンと同様にステロイド骨格をもっており，アブラナ科（ブラシカ属）から発見されたことからブラシノライドと命名されました。最近，ブラシノライドは広く植物界に分布していることが明らかになり，すでに40種以上の化合物が発見されています。ブラシノライドは，他の植物ホルモンと同じような生理活性を示す反面，全く異なる生理活性も示します。低温下での生育促進や果実の肥大効果，増収効果なども確認され，応用研究は始まったばかりです。

太田は，植物ホルモンと窒素肥料との関係について興味深い観察をしています（図2-2）。すなわち，水稲を用いた実験で，窒素肥料を施用すると生長を促進するジベレリン含量は増大し，生長を抑制するアブシジン酸やエチレンは抑制されることを見出しています。また，窒素肥料が不足すると生長が止まるのは，生長を抑制するアブシジン酸やエチレンが増大し，生長を促進するジベレリンが減少するからです。

植物体がエチレンを盛んに生成している時は，病気にかかりにくいといわれます。その理由は，エチレンが植物体内で代謝されて殺菌力の強い酸化エチレンに変わるためと考えられています。リンゴやメロンなどの果実から発生するエチレンは再び果実に吸

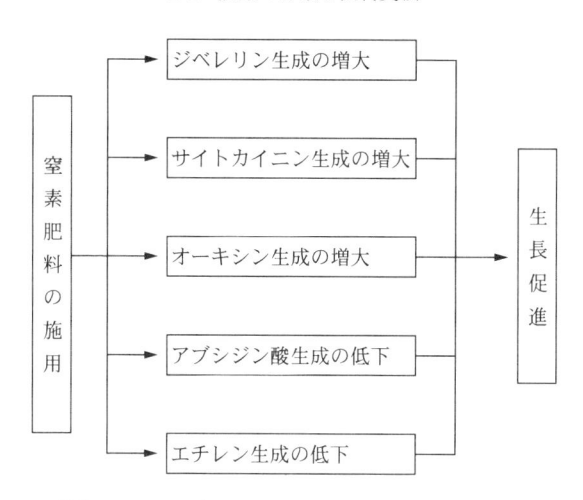

```
窒素肥料の施用 → ジベレリン生成の増大 ┐
              → サイトカイニン生成の増大 ┤
              → オーキシン生成の増大   ├→ 生長促進
              → アブシジン酸生成の低下  ┤
              → エチレン生成の低下    ┘
```

図 2-2 植物ホルモンと窒素肥料の関係(出典:太田保夫,植物ホルモンを生かす,農山漁村文化協会 (1999))

着されることが観察されており,果実内で代謝されて生成される酸化エチレンにより抗菌作用が発現するものと推察されます。従って,窒素肥料を過剰に投与すると,植物体のエチレン生成が阻害されることにより,外界の環境に対して抵抗性が弱くなったり,病気にかかりやすくなる恐れがあります。

植物ホルモン作用と関係の少ない薬剤としてMH剤やデシルアルコール剤(腋芽抑制剤),過酸化石灰剤(酸素発生剤)や塩化コリン剤(発根促進剤)などがあります。MH剤やデシルアルコール剤はタバコの腋芽抑制剤として広く使用され,塩化コリン剤はサツマイモの発根促進剤として,過酸化石灰剤は水稲の直播栽培時に種もみに粉衣し,出芽の促進剤として実用化に至っています。

## （5） 展着剤

展着剤は，農薬を散布する際に現場で加用する薬剤で，機能発現からみて4種に分類することができます。すなわち，機能性展着剤（アジュバント；Adjuvant），一般展着剤（Spreader），固着剤（Sticker），そして飛散防止剤（Drift control agent）の4つです（図2-3）。

```
┌アジュバント ┬汎用 ------ アプローチBI, スカッシュ, ニーズ, ミックスパワー,
│(機能性展着剤)│              トクエース, ブラボー, パンガードKS-20など
│              └除草剤専用-- サーファクタントWK, アルソープ, クサリノー,
│                              サプライ, レナテンなど
├一般展着剤 ---------- ハイテンA, Sハッテン, アイヤー20, グラミンS,
│                          特製リノー, クミテン, ネオエステリン, ダインなど
├固着剤 ------------- ペタンV, スプレースチッカー, ステッケル, パンガードAなど
└飛散防止剤 --------- アロンA
```

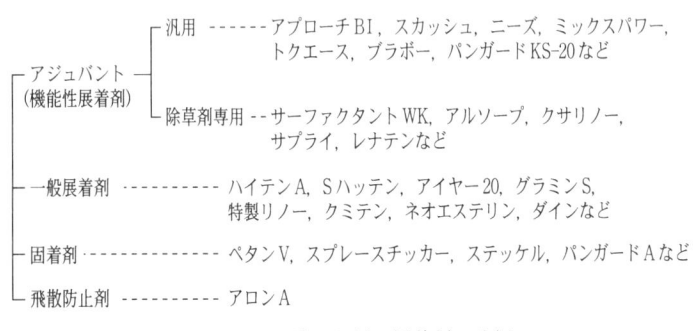

図 2-3 用途から見た展着剤の分類

### アジュバント

アジュバントは高濃度で使用されるが，濡れ性（湿展性）を改善すると共に農薬の効果を積極的に引き出す剤であり，農薬を含む総経費で利益が還元されるものです。アメリカでは，アジュバントの混用が一般化しており，特に少量散布や薬効増強などを主目的に使用され，我が国でも普及しつつあります。これまでは，除草剤専用のアジュバントだけが商品化されていたが，最近は殺菌剤や殺虫剤用アジュバントもあります。アジュバントは浸透性の農薬（SBI剤，有機リン剤など）との混用により，飛び抜けた薬効の増強が期待できます。しかし，薬害の発生しやすい条件や薬害の出やすい農薬との混用時には，十分な注意が必要となります。代表的な製品としてアプローチBI, スカッシュ, ニーズ,

ブラボー，サーファクタント WK などがあります。

**一般展着剤**

一般展着剤は，散布ムラをなくす観点から散布液の表面張力を下げることにより湿展性を改善し，低濃度（5000倍以上）で濡れにくい作物や病害虫への付着性を改善します。低泡性の機能のものや水和剤と乳剤の混用性を改善する機能もあり，現場の作業改善と共に薬効を安定化させることが期待できます。代表的な製品としてハイテン A，S ハッテン，アイヤー20，グラミン S，特製リノーやクミテンなどがあります。

**固着剤**

固着剤は初期付着量を高めることにより，殺菌剤の耐雨性を高めたり残効性を延ばすことができ，特に保護殺菌剤との混用により効果が期待できます。収穫間際の薬剤散布は，作物残留に影響を及ぼすので，製品ラベルに記載された使用基準をしっかりと守る必要があります。代表的な製品としてペタン V，スプレースチッカー，ステッケルやパンガード A などがあります。また，果樹用殺虫剤として広く使用されているマシン油乳剤は，カンキツ類に固着剤の目的で400〜500倍に希釈して加用されます。

**飛散防止剤**

飛散防止剤は，主として空中散布時のドリフト防止を目的として加用され，製品としてアロン A があります。最近は非農耕地での除草剤散布時に，飛散防止のために加用され，製品としてラビコートがあります。

展着剤を有効成分からみると，展着剤の8割近くに界面活性剤が配合されています。界面活性剤とは同じ分子内に親油基と親水基をあわせもち，気体／液体，液体／液体，液体／固体などの界面（表面）に配向し，界面張力を下げる物質の総称です。油と水

の分離液の均一なエマルション化や固体の水中での分散化などに利用され，農薬製剤化における必須成分です。石鹸に代表される界面活性剤は，さまざまな分野で多様な機能を有する原料として国内で5000種を超えています。すべての界面活性剤は，非イオン性（ノニオン），陰イオン性（アニオン），陽イオン性（カチオン），両イオン性界面活性剤の4種類に分類されます。この界面活性剤については第3章で詳細に説明します。

さて，展着剤の有効成分は非イオン性が主体であるが，陰イオン性が配合されたり，最近は陽イオン性が配合されたものもあります。有効成分から展着剤をみると，非イオン性単独，陰イオン性配合，その他の3種に大別することができます。農薬の製剤化のために配合される界面活性剤は，主として物理化学的観点から選択されます。一方，展着剤の基剤として配合される界面活性剤は一部共通するものの，異なる顔（機能）をもち，積極的に薬効を引き出すものです。機能性展着剤であるアジュバントを活用した事例については，第4章で詳細に紹介します。

## 2-2 農薬の研究・開発・普及・販売

### (1) 農薬の研究・開発

新しい農薬が研究・開発されて市場に出るまでには約10年の歳月と30～40億円の経費を要すると一般にいわれ，その過程をみると次のようになります（図2-4）。

① 研究段階では最少量の化学物質を合成し，その生物活性の検定を行い，農薬の有効成分をスクリーニングします。それに先立って除草剤，殺虫剤や殺菌剤などの用途別にスクリーニング法の確立が必要となります。

② 開発の第1段階では，研究段階の化学物質群の中から選定

2-2 農薬の研究・開発・普及・販売

| 過程 | 研究段階 | 開発段階 | | | 登録段階 | 市販段階 |
|---|---|---|---|---|---|---|
| | | PhaseⅠ | PhaseⅡ | PhaseⅢ | | |

| 年次<br>項目 | -1 | 0 | 1 | 2 | 3 | 4 | 5 | 6 | 7 | 8 | 9 | 10 | 11 |
|---|---|---|---|---|---|---|---|---|---|---|---|---|---|
| 化学研究 | 合成,生物活性検定<br>近縁化合物の検索 | | | | | | | | | | | | |
| 薬効薬害試験 | | | ポット特性試験 | | | | | | | | | | |
| | | | | 小規模圃場試験 | | | | | | | | | |
| | | | | | 委託圃場試験,適用拡大 | | | | | | | | |
| 毒性試験 | | | 急性毒性（経口,経皮,吸入） | | | | | | | | | | |
| | | | | 刺激性（皮膚,眼,アレルギー） | | | | | | | | | |
| | | | 変異原性 | | | | | | | | | | |
| | | | | 催奇形性 | | | | | | | | | |
| | | | | | | | 次世代への影響（3世代） | | | | | | |
| | | | | 亜急性毒性 | | | | | | | | | |
| | | | | | | 慢性毒性（2年2動物） | | | | | | | |
| 代謝試験<br>残留性試験 | | | | | ラベル化合物合成（動物,作物,土壌） | | | | | | | | |
| | | | | 予備試験,試料作成,分析（動物,作物,土壌） | | | | | | | | | |
| 環境科学的試験 | | 魚毒性 | | 魚介濃縮性 | | | | | | | | | |
| | | | | | カイコ,ミツバチ,鳥,天敵 | | | | | | | | |
| 製造研究など | | | 分析法,原体,製剤,残留 | | | | | | | 製造設備投資 | | | |
| | | | 原体製造研究 | | プラント設計 | | | | | | | 生産 → | |
| | | | 製剤研究 | | | 規格など | | | 設備投資 | | | | |
| 特許 | 出願 | | 審査請求 公告 | | | | | | | | | | |
| 登録申請 | | | | | | | | | 申請 承認,販売 | | | | |

図 2-4 新農薬の研究・開発過程（出典：藤原邦達，本谷勲監修，よくわかる農薬問題一問一答，合同出版（1990））

された化学物質についてポット特性試験により薬効を確認し，特性を調べると共に，基本的な毒性試験も調べ，複数の開発候補の化学物質に絞り込みます。
③　開発の第2段階では，開発候補の化学物質について薬効薬害の小規模試験，申請を前提として予備毒性試験，残留試験，原体の製造，製剤化や分析法の検討などが行われ，これらのデータを総括して最終的に1個の化学物質を選定します。
④　開発の第3段階では，最終的に選定された化学物質の農薬登録申請に必要となる圃場試験（日本植物防疫協会または日本植物調節剤研究協会に委託），各種の安全性試験，作物及び土壌における代謝，残留試験や原体製造のプラント建設などが行われます。

これらの開発過程を経た後に，各種データをまとめ，試験資料をつけて独立行政法人農薬検査所へ登録申請を行います。

農薬検査所は，農薬製造者または農薬輸入業者が新規に農薬を日本国内で製造または販売しようとする時に申請受付・検査・登録票交付を一括して行う機関でありました。2001年4月に農林水産省から独立した行政法人になり，農林水産省の窓口業務として申請・登録に伴うアドバイスや検査などを行っており，農薬検査所経由で登録申請や登録票交付が行われています。

### （2）　農薬の普及・販売

国や都道府県では，主要な農作物について病害虫の発生を定期的に予察（予測）し，必要に応じてその情報を公表しています。そのような活動の中で，都道府県では，毎年，地域の実情に応じて主要な農作物ごとに病害虫の発生状況や防除方法などを解説した「病害虫防除指針」を定めて公表しています。これを受けて，

地方団体や農業団体では防除時期や薬剤などを具体的に記載した「防除暦」を発行しています。

　防除暦とは，農薬を安全かつ効果的に使用するために，作物ごとに適用する農薬の種類，使用時期，使用方法などを定めた防除に関する暦で，各県（各地区）で毎年見直されています。

　農薬登録の取得後に新農薬を普及する際，この防除暦に記載されることがとても重要な手段です。市場のある都道府県別にいわゆる県レベルの展示圃試験（県植物防疫協会委託）を2年以上に渡り複数カ所行って，初めて本格的に販売できるのが実情です。これらの試験は農業改良普及センターの普及員が，農業従事者の田畑で実証する試験です。各地域の条件に合わせて普及が細やかに検討されて普及に移されています。このように長年に渡る薬効薬害試験を行って農薬登録を取得した後も，すぐには新農薬の本格的な販売活動に入れないのが普及・販売の現状です。

　農薬の流通は，農協系（系統）と商人系（商系）に大別されます（図2-5）。以前は系統が5割以上のシェアでしたが，現在は逆転して商系が5割以上を占有しています。系統ルートでは，製剤メーカー→全農→経済連→農協→農業従事者となり，農協では一部を商系の卸商から購入しており，全体の65%が農協経由で販売されています。一方，商系は製剤メーカー→卸商→小売店→農業従事者のルートです。最近の動きとして，原体メーカーが製剤メーカーを経ないで，直接に全農と取引を始めるケースが出てきています。系統における商流の再編成も行われており，全国の農協の合併が急激に進んでいます。また，全農も2003年4月をめどに都道府県にある経済連との合併を押し進め，商流の短縮化が同時に進められています。

　農薬の価格は，全農が毎年秋に取引のある原体メーカー及び製剤メーカーと交渉し，経済連に渡す価格を決めています。従って

58　　　　　　　　　　第2章　農薬概論

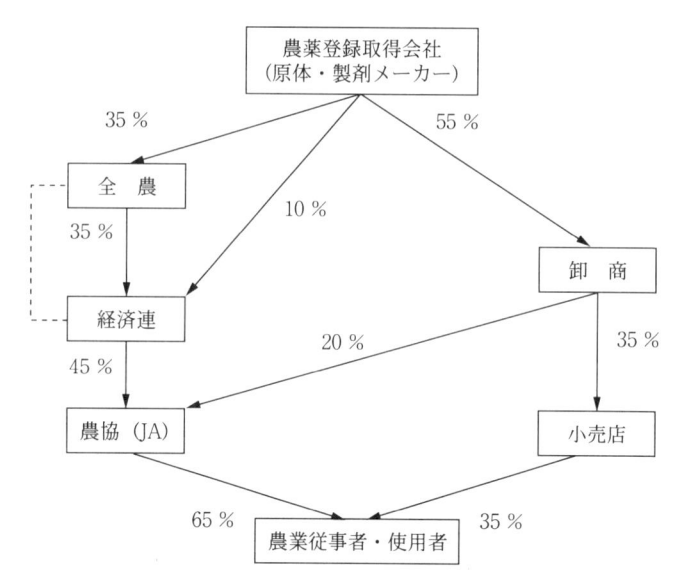

```
                    農薬登録取得会社
                   (原体・製剤メーカー)
        35%        ↙    ↓    ↘    55%
                  ↙    10%    ↘
          全 農    ↓             ↘
           │35%   ↓              卸 商
           ↓     ↓              │  35%
          経済連 ↙               ↓
           │45%    20%          小売店
           ↓    ↙                │
          農協 (JA)              │
              ↘  65%      35%  ↙
               農業従事者・使用者
```

図 2-5　日本における農薬流通経路とシェア（平成 12 農薬年度）(出典：農林水産省植物防疫課監修，農薬要覧 2001 年版，日本植物防疫協会 (2001))

全農が決めた価格に準じて，メーカーが商系の卸商に渡す価格も自動的に設定されるのが通常です。

　ここで，全農は全国農業共同組合連合会，経済連は経済農業共同組合連合会，農協は農業共同組合連合会（愛称として JA）の略称です。

# 第3章　農薬の製剤設計と界面活性剤

## 3-1　製剤のトレンド

### (1)　製剤の目的と特徴

医薬品にカプセル,錠剤や軟膏などがあるように,農薬も使いやすく,防除効果をもっとも効果的に働かせるために,さまざまな形に仕上げられています。この技術を製剤技術といいます。最近は使いやすさだけでなく,ヒトや環境への影響をより少なく,かつ省力・省資源の視点からも製剤研究が進められています。

製剤技術の主な目的としては,次の5点が挙げられます。
・農薬を利用しやすい形にする
・農薬の効果を最大限に発揮させる
・使用者の安全性を高め,かつ環境への影響を最小限に抑える
・作業性を改善し,省力・省資源化する
・既存農薬を機能化し,効果を高めたり用途を拡大させる

代表的な製剤として,粉剤,粒剤,乳剤,水和剤やフロアブルなどがあり,これらを農薬製剤の剤型（ざいけい）と呼びます（表3-1）。農薬原体（有効成分と呼ぶ）を製剤化する際に,作物や病害虫に適合した剤型として水田に散布する粉剤や粒剤など,果樹や野菜に使う乳剤や水和剤などが選択されます。

日本における製剤の生産量は,1980年に約70万トンに達して

表 3-1 農薬製剤の分類

| 製剤の性状 | 剤　型　名 | 使用法 |
|---|---|---|
| 固　体 | DL粉剤 | ○ |
| | 粒剤 | ○ |
| | 粉粒剤─微粒剤 | ○ |
| | 　　　　微粒剤F | ○ |
| | 　　　　細粒剤F | ○ |
| | 水和剤 | ● |
| | 顆粒水和剤 | ● |
| | 顆粒水溶剤 | ● |
| | 錠剤 | ● |
| 液　体 | 乳剤 | ● |
| | 液剤 | ●○ |
| | 油剤—サーフ剤 | ○ |
| | フロアブル | ●○ |
| | エマルション | ● |
| | マイクロエマルション | ● |
| | サスポエマルション | ● |
| | マイクロカプセル | ● |
| そ の 他 | 投げ込み剤（ジャンボ剤など），エアゾール，ペースト剤，くん煙剤，くん蒸剤，塗布剤 | |

使用法：○はそのまま散布，●は水で希釈して散布

ピークとなり，その後は減少し，2000年で約35万トンです（図3-1）。減少の主な理由は，水稲の減反によるものや農薬の有効成分が少量で効果が発現するようになったことなどに起因します。

**粉剤（ふんざい）**

まずは粉剤について触れます。粉剤の主体はドリフト（漂流飛散）の少ないDL（ドリフトレス）粉剤であり，有効成分に粒子の大きい増量剤や凝集剤を加え，さらに分解防止剤を加えて粉砕・混合して製剤化します。粒径は約 $22\,\mu m$ で，大半の有効成分を粉剤化することができます。この剤型はそのままで散布しま

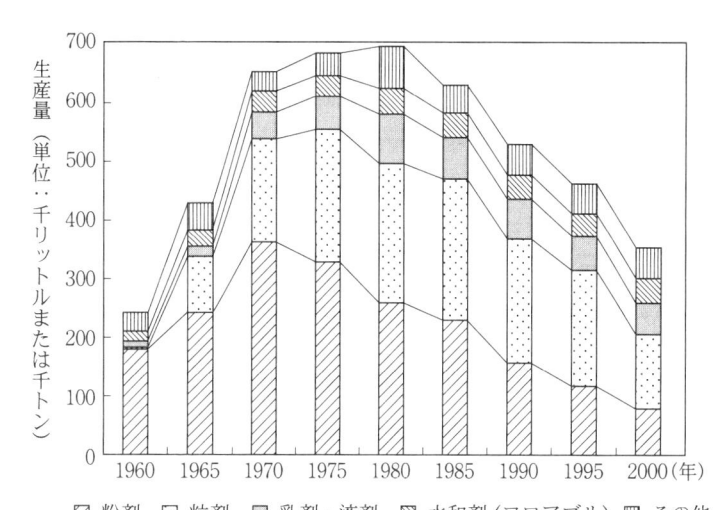

図 3-1 農薬製剤の剤型別生産量（出典：農林水産省植物防疫課監修，農薬要覧，日本植物防疫協会より作成）

す。主として水田用であり，混合製剤が得られやすい利点から殺虫殺菌剤に多く見られます。一般に数％の有効成分が配合されています。以前は粉剤がもっとも主要な剤型でしたが，飛散問題や作業性などにより減る傾向にあり，現在は2番目に多い剤型です。

**粒剤（りゅうざい）**

粒剤は，粉剤と同じ原料に結合剤を加え少量の水で練り，造粒機により細粒化し乾燥したり，液体の有効成分をベントナイトやクレーなどの天然担体に吸着させたり，またスプレードライヤーによる造粒法などがあります。粒径は一般に300〜1700 μmであり，ドリフトの心配が少なくなっています。剤型の中ではもっとも大きな割合を占め，特に除草剤で主要な剤型になっています。この剤型はそのままで使い，土壌または水面に施用されます。一

般に有効成分は 0.1〜10% であり，作業性と経済性の面から粒剤は特に重要な位置づけになっています。

**乳剤（にゅうざい）**

乳剤は，有効成分を界面活性剤と共に有機溶剤（主としてキシレン）に加えて溶解して製剤化されます。製造が簡単であり，かつ製造コストが安いことが利点に挙げられます。しかし，有機溶剤が配合されているので，環境への影響が心配されることから減る傾向にあります。乳剤に替わって製剤化されたものに濃厚エマルションやマイクロエマルションと呼ばれる剤型があるが，これは水に溶けない有効成分に界面活性剤を加えて水中で微粒子として分散させたものです。有機溶剤を使っていないので，引火性がなくヒトや環境への影響が少ない利点があります。これらを使う際には，水で 500〜2000 倍程度に希釈して散布します。水和剤と比較して一般に効果がまさるものの，薬害は発生しやすくなる傾向があり，施設栽培では特に注意が必要になります。

**水和剤（すいわざい）**

水和剤は，有効成分に界面活性剤と増量剤を混合・粉砕して製剤化されます。使用する際は，乳剤と同程量の水で希釈して散布します。広い範囲の有効成分を製剤化でき，作物への悪影響も少ない利点があり，殺菌剤では主要な剤型になっています。水和剤を細かい粒子として水に混ぜて製剤化したものをフロアブルと呼びます。分類上はフロアブルも水和剤に含まれ，ヒトや環境への影響を考えると増える傾向にあります。その他の剤型として水溶剤，錠剤，油剤，液剤，くん煙剤やエアゾールなどがあります。

**（2） 新しい製剤の動向**

製剤の大きな流れとして次の3点が挙げられます。まずはドリフトの防止であり，農薬の微粉がドリフトして周辺に影響を及ぼ

さず，散布者が微粉を浴びることを防ぐ目的があります。第2に安全性のより高い剤型への移行があります。具体的には有機溶剤から水に替えて，有効成分を水中に微粒子として分散させたエマルションやフロアブルが増えています。第3に製剤そのものにより高度な機能をもたせ，省力や安全性，効果の向上などを図ることがあります。代表的な例として水田用除草剤は，10アール当たり3 kgの投与量でしたが，1 kgですむように省力かつ省資源化された剤型へ切り替わりつつあります。

新しい製剤として，畦から投げ込むだけで有効成分が水田に拡がるジャンボ剤の普及も進んでいます。ジャンボ剤に分類されるパック剤は，拡散性の良好な約50 gの製剤を水溶性フィルムで包装したものです。その特徴は有効成分が適度の水溶解度をもっており，水中への溶出や水面上での拡散が効率的に進むことによって全面に均一に拡がり，最終的に標的に作用します。油剤タイプで，水面に滴下すると有効成分が水の表面に急速に拡がり，水稲の茎や葉などに付着して害虫を防除するサーフ剤も実用化されています。最近では浮上性粒剤が広く普及しています。この剤型は，水田に施用後いったん沈むが，塩化カリウムが溶解して再び水面に浮上し，有効成分が水面を拡散する性質をもっています。

水稲用除草剤の剤型は，軽量化や省力化のニーズを受けてここ数年で大きな変化を示しています。1990年始めは粒剤のみでしたが，1999年で粒剤は6割まで減少し，フロアブル3割，ジャンボ剤1割となっています。フロアブルやジャンボ剤は，散布機を必要としない点もあり画期的な施用方法といえます。

この他にマイクロカプセルがあります。日本では20種以上のマイクロカプセルが商品化され，コガネムシ類の幼虫，ウリミバエやイネミズゾウムシ用などに使われ，今後，放出制御型製剤として大いに期待されます。その詳細については第5章で説明を加

えます。将来の夢の製剤設計として，自ら標的を検知し，必要な農薬を選択して放出するような機能をもったインテリジェント製剤が考えられていますが，これは農薬製剤の究極の目標です。

## 3-2 製剤用界面活性剤

### （1） 界面活性剤

界面活性剤についてはすでに第2章の展着剤で少し触れたが，ここではさらに詳細に界面活性剤の機能について説明を加えます。自然界にはさまざまな界面現象がみられます。昆虫は雨にうたれても決してずぶ濡れにはならないし，植物は雨が降っても水によって膨潤しないのは，昆虫や植物の表面（界面）が水をはじくためです。製剤化された農薬を散布し，標的とする病害虫や雑草などにしっかり付着させたり濡らすことにより，安定した効果を発現させることができます。その際に界面活性剤が，舞台裏で各剤型の機能性補助剤として重要な役割を果たしています。

まず標的となる病害虫や雑草などに対する濡れについて界面現象からみると，(a) 付着濡れ，(b) 浸漬濡れ，(c) 拡張濡れの3つの型があります（図3-2）。乳剤や水和剤などを植物に散布すると，薬液は茎葉の表面に付着する状態が (a) に相当します。植物の葉表の凹凸部へ薬液が入り込む状態が (b) に相当します。(c) は散布薬液が葉表上で拡がる濡れ現象です。従って，薬液が散布されると，(a) (b) (c) の3つの濡れが植物の表面上で同時に起きていることになります。

界面活性剤の基本的な特性については成書を参照して頂き，農薬への応用において重要な特性である表面張力低下能，臨界ミセル濃度（cmc：critical micelle concentration）と親水・親油性の均衡（HLB：hydrophile-lipophile balance）について簡単に

3-2 製剤用界面活性剤　　　　　　　　　　65

(c) 拡張濡れ

(b) 浸漬濡れ

(a) 付着濡れ

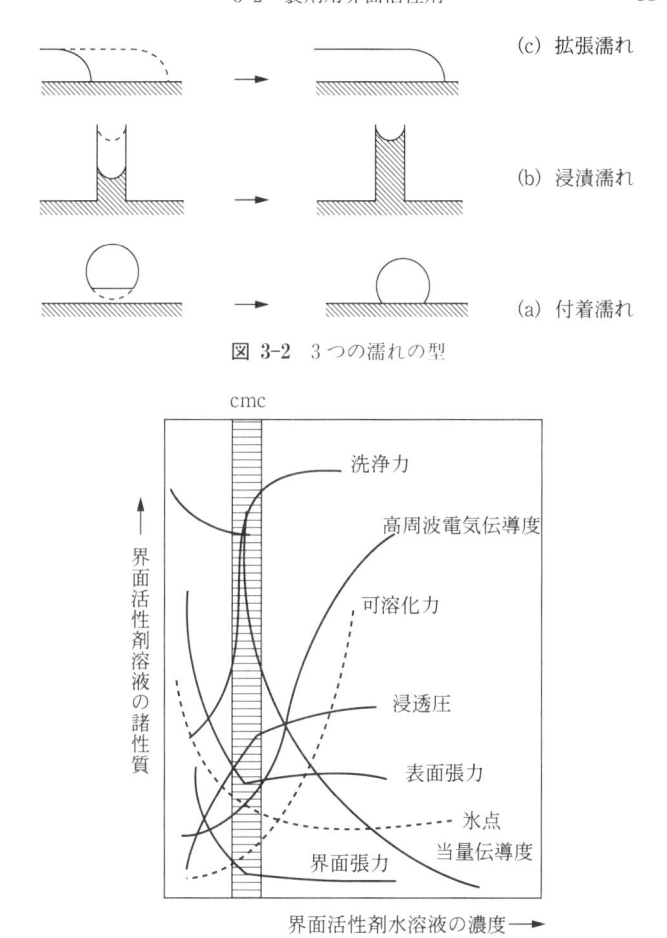

図 3-2　3つの濡れの型

図 3-3　界面活性剤の濃度による溶液の性質変化

説明しておきます。

　界面活性剤のひとつの特性として，種々の界面に吸着し分子配向することで，界面エネルギーが減少し表面張力を著しく低下させます。例えば，水の表面張力は 72.75 dyne/cm（20°C）です

が，少量の界面活性剤を添加することにより 30 dyne/cm 前後まで低下させることができます。また，界面活性剤のある濃度以上においてミセル（会合体）の形成が始まるが，この cmc は各々の界面活性剤により固有の値を示します。cmc 近傍で界面活性剤の洗浄能，可溶化能や表面張力低下能などが著しく変化するため，cmc は界面活性剤特性のひとつの重要な因子となります（図 3-3）。HLB は界面活性剤の両極性構造の性質を定量的に示すため，グリフィンにより HLB の算出方法が提唱され，その後，種々の方式が提案されています。一般に HLB 値は 0 から 20 までであり，HLB が低下すると界面活性剤の親油性が増し，逆に HLB が高くなると親水性に傾きます。

化学構造から 4 種類に分類できる界面活性剤の機能とその応用場面はさまざまあります（表 3-2）。農薬を製剤化する際にも界面活性剤及びその原料である油脂の誘導体は，広く各種の製剤に必須の成分として配合されています。以下に代表的な剤型における界面活性剤の応用例を紹介します。

## （2） 乳剤用乳化剤

有効成分が液体であったり，溶剤に溶けるものは容易に乳剤として製剤化されます。その際に使用される界面活性剤は乳化剤と呼ばれ，一般的に陰イオン性と非イオン性の組合せで乳化が発現しています。乳化粒子は 1μm 弱であり，付着効率がよいので安定した効果が期待できます。乳剤は殺虫剤，殺ダニ剤や茎葉処理型除草剤の多くに見られます。

代表的な乳剤として，有機リン剤の処方事例を紹介します（図 3-4）。乳化剤の配合は約 10% であり，アメリカと比べると配合量が多いためよい乳化安定性を示します。溶剤は各種あるが，キシレンが主体であり，アルコールやエステルなども使用されま

## 表 3-2 界面活性剤の機能と応用

| 分類名 | 機能 | 代表的な用途 | 農業分野での応用 |
|---|---|---|---|
| 陰イオン性<br>(アニオン) | 乳化性<br>分散性<br>浸透性<br>平滑性<br>帯電防止<br>洗浄性<br>起泡性 | 乳化剤<br>分散剤<br>湿潤剤, 浸透剤<br>繊維油剤, 湿潤剤<br>帯電防止剤<br>洗浄剤, シャンプー用基剤, 食器用洗浄剤<br>歯磨用起泡剤 | 乳剤用乳化剤<br>水和剤用分散剤,<br>粒剤用拡展崩壊剤<br>展着剤用基剤<br>粒剤用摩耗防止剤<br>肥料用固結防止剤<br>農機具洗浄剤<br>— |
| 非イオン性<br>(ノニオン) | 洗浄性<br>乳化性<br>可溶化能<br>浸透性<br>消泡性<br>分散性<br>平滑性<br>防錆性 | 低泡性洗浄剤<br>乳化剤<br>医薬・色剤用可溶化剤<br>湿潤剤, 浸透剤<br>乳化重合・醸酵用消泡剤<br>顔料・塗料用分散剤<br>繊維油剤<br>防錆剤 | 畜舎用洗浄剤<br>乳剤・飼料用乳化剤<br>アジュバント用基剤<br>水和剤用濡れ剤,<br>アジュバント用基剤<br>展着剤用基剤<br>マイクロカプセル助剤<br>ハウス用防曇剤 |
| 陽イオン性<br>(カチオン) | 殺菌性<br>吸着性<br>帯電防止<br>平滑性 | 殺菌消毒剤, 防カビ剤<br>アスファルト乳化剤<br>帯電防止剤<br>繊維油剤, 潤滑剤, 柔軟剤, リンス基剤, 浮遊選鉱剤 | 動物用殺菌消毒剤,<br>アジュバント用基剤,<br>木材防腐剤<br>肥料用固結防止剤<br>肥料用固結防止剤<br>— |
| 両イオン性 | 平滑性<br>洗浄性<br>防錆性 | リンス基剤<br>洗浄剤, シャンプー用基剤<br>防錆剤 | アジュバント用基剤<br>—<br>— |

```
┌ 有機リン剤      :50 %
│
├ キシレン       :バランス
│
└ 乳化剤        :3〜20（約10 %）
```

有機リン剤：MEP, MPP, ダイアジノン, マラソンなど
乳化剤：陰イオン性／非イオン性の配合物
陰イオン性として, アルキルベンゼンスルホン酸カルシウム
非イオン性として, ポリオキシエチレンアルキルフェニルエーテル,
　　　　　　　　ポリオキシアルキレン誘導体など

図 3-4　乳剤の処方事例

す。物理化学的特性として自己乳化性，乳化安定性や経時的安定性などが調べられ，乳化剤が最終的に選定されます。もっとも汎用的に使用されている現行乳化剤の非イオン性の多くは，アルキルフェノールを原料としており，生分解性の問題や生態系への悪影響があるため，より環境への負荷の少ないものへの切り替えが検討されていました。しかし，2001年8月にノニルフェノールは内分泌かく乱物質（環境ホルモン）であると環境省は発表し，このタイプの原料切り替えは早まるものと推察されます。

　内分泌かく乱とはホルモンの働きが崩壊したり混乱することで，化学物質の中で内分泌作用をもったものがあり，大量に摂取された場合に内分泌作用がかく乱され，結果として有害作用が引き出されるような物質を内分泌かく乱物質と呼んでいます。

## （3）　水和剤用分散剤・濡れ剤

　水和剤は，粉剤と共にもっとも製剤化しやすい剤型であり，ほとんどの有効成分は製剤化が可能です。乳剤と比較して水和剤の利点には，高濃度の製剤が可能であり，経済的であるばかりでなく，薬害も少ないことなどが挙げられます。さらに容器包装リサ

## 3-2 製剤用界面活性剤

イクル法が 2001 年 4 月から完全施行されたことにより,水和剤は乳剤のようなペットボトルの廃棄問題もなく,環境問題を考えるとこの剤型は増える傾向にあるといえます。

循環型社会の形成を推進する基本的な枠組みとなる法律として個別物品の特性に応じて制定された 4 つのリサイクル法のひとつが容器包装リサイクル法です。容器包装の市町村による収集と容器包装の製造・利用業者による再資源化が義務づけられています。

水和剤用に配合される界面活性剤には,分散剤と濡れ剤(湿潤剤)の 2 種が必要になります。代表的な水和剤として保護殺菌剤の処方事例を紹介します(図 3-5)。分散剤と濡れ剤の配合は約 5 ％であり,陰イオン性をベースにして非イオン性が配合されたものが多く,分散剤としては分子量の大きな陰イオン性が使用さ

```
┌─ 保護殺菌剤      :75 ％
│
├─ キャリアー(担体):バランス
│
└─ 水和剤用助剤    :3～8(約5 ％)
```

保護殺菌剤:マンネブ,マンゼブ,ジネブなど
キャリアー:ホワイトカーボン,クレー,ケイソウ土など
水和剤用助剤:濡れ剤/分散剤の配合物
　　　　　濡れ剤として,アルキルベンゼンスルホン酸ナトリウム,
　　　　　　　　　　　ジアルキルスルホコハク酸ナトリウム,
　　　　　　　　　　　アルキル硫酸ナトリウム,
　　　　　　　　　　　ポリオキシエチレンアルキルフェニルエーテルなど
　　　　　分散剤として,アルキルフタレンスルホン酸ホルマリン縮合物,
　　　　　　　　　　　アルキレンマレイン酸共重合物など
　　　　　その他補助剤:リグニンスルホン酸塩,ポリビニルアルコール,
　　　　　　　　　　　カルボキシメチルセルロースなど

図 3-5　水和剤の処方事例

れています。さらに保護コロイドとして作用する補助剤には，リグニンスルホン酸塩，カルボキシメチルセルロースやポリビニルアルコールなどの高分子系親水性のものが配合されることもあります。増量剤（担体）としてはホワイトカーボン，ケイソウ土，クレーなどが使用されます。乳剤に比べて水和剤の粒子はやや大きく約 $10~\mu m$ になります。物理化学的特性として，懸垂性，水和性，見掛け比重，水分や経時変化などを調べて，最終的な処方ができあがります。

### （4） 粒剤用拡展崩壊剤

粒剤は，どの製造法を選択するかによって原料が決まります。もっとも一般的に行われている方法が湿式法であり，加水分解や熱に対して安定な有効成分にベントナイト，メチルセルロースやデンプンなどの可塑剤及び親水性の界面活性剤を配合します。さらに増量剤を加え均一に混合・粉砕した後，水と混和します。これを押し出し造粒した後，乾燥・フルイ分けして製品化します。練込法の際には，粘結剤として安価なリグニンスルホン酸塩を用います。親水性の界面活性剤として陰イオン性が配合され，拡展崩壊機能を発揮しています。物理化学的特性として，見掛け比重，水中崩壊性，粒度，硬度や固結などを調べ，最終的な処方ができあがります。乳剤や水和剤と比較すると，粒剤の有効成分は低く，一般的に数％ であり，0.1～10％ の範囲で配合されています。

### （5） フロアブル用分散剤・結晶抑制剤

フロアブル製剤は，固体の農薬の有効成分を水中に懸濁分散した製剤です。この製剤は農薬統計上は水和剤に分類されるが，水和剤よりも粒径を小さくすることができるので効果にまさること

があります。さらに飛散がないので作業者への安全性が高く，有機溶剤に起因する危険物の心配もありません。欠点としては，製造可能な有効成分に制約があること，物性の問題があり有効期間が水和剤（一般に5年間）よりも短く（2～3年間），湿式粉砕ではコスト高になることなどが挙げられます。

フロアブルの組成は有効成分，界面活性剤，増粘剤，消泡剤，凍結防止剤，防腐剤及び水などからなっています（図3-6）。界面活性剤としては，分散剤と結晶抑制剤などが2～10％ずつ配合されています。分散剤としては酸化エチレンをもつホスフェート

```
┌─ 殺菌剤（殺虫剤）   ：10～50％
│
├─ 湿潤／分散剤      ：2～10％
│
├─ 結晶抑制剤        ：2～10％
│
├─ その他補助剤      ：0～5％
│
└─ 水                ：バランス
```

湿潤／分散剤：POEアルキルアリルエーテル，
　　　　　　　POEソルビタン脂肪酸エステル，
　　　　　　　アルキレンマレイン酸共重合物，
　　　　　　　アルキルナフタレンスルホン酸ホルマリン縮合物，
　　　　　　　POEアルキルアリルリン酸エステル，
　　　　　　　リグニンスルホン酸塩，ポリビニルアルコールなど
結晶抑制剤　：アルキレンマレイン酸共重合物，
　　　　　　　アルキルアリルスルホン酸ナトリウム共重合物，
　　　　　　　多塩基酸エステル，脂肪酸エステルなど
その他補助剤：消泡剤（シリコン系など）
　　　　　　　増粘剤（ポリオール誘導体など）
　　　　　　　凍結防止剤（グリコール類など）

図 3-6　フロアブルの処方事例。POE：ポリオキシエチレンの略

型やサルフェート型，アルキレンマレイン酸共重合物やアルキルナフタレンスルホン酸ホルマリン縮合物などの陰イオン性や非イオン性が使用されています。結晶抑制剤としてはアルキルアリルスルホン酸ナトリウム共重合物，酢酸ビニルアニオン共重合物や多塩基酸エステルなどが使用されています。

### (6) 内添型アジュバント

農薬の製剤化において物理化学的な性状の改善を主な目的として，各種の界面活性剤が配合されています。ここでは生物活性を高める，または改善するために配合されている事例を紹介します。機能性展着剤である別添型アジュバントと区別される内添型アジュバントは，非選択性除草剤にもっとも広く配合されています（図3-7）。物理化学的な性状の改善の場合には，非イオン性と陰イオン性が主体であったが，特に除草剤の場合には陽イオン性をベースに非イオン性が配合されたものが多く見られ，陰イオ

```
┌── 非選択性除草剤        ：10〜40 %

├── 溶剤（水，有機溶剤）   ：バランス

└── アジュバント          ：5〜30%
```

非選択性除草剤：パラコート，ジクワット，ビアラホス，グリホサートなど
アジュバント：非イオン性として，ポリオキシエチレンアルキルフェニルエーテル，
　　　　　　　　　　　　　　　ポリオキシエチレンアルキルアミンエーテル，
　　　　　　　　　　　　　　　ポリオキシエチレンアルキルエーテルなど
　　　　　　　陽イオン性として，アルキルメチルアンモニウム塩，
　　　　　　　　　　　　　　　アルキルベタインなど
　　　　　　　陰イオン性として，ポリオキシエチレンアルキル硫酸塩，
　　　　　　　　　　　　　　　ジアルキルスルホコハク酸ナトリウムなど

**図 3-7 内添型アジュバントの処方事例**

ン性が活用されることもあります。配合は5〜30%となり、物理化学的な改善を目的とした場合よりもはるかに高濃度で配合されています。これは界面活性剤の特性であるcmcと深く関係しています。

## 3-3 界面活性剤の農薬としての応用

### (1) ラッカセイ・ユリ用摘蕾剤

花王ではラッカセイとユリ用摘蕾剤として、我が国で植調剤で申請し、認可を受けたことがあります。

ユリとラッカセイの花芽を飛ばし、むだな栄養生長を取り除くことにより、収量増を目的として開発されました。有効成分は陰イオン性界面活性剤である直鎖型アルキルベンゼンスルホン酸カルシウム（LAS-Ca）であり、ある濃度において花蕾部のみを選択的に接触枯死させる作用をもったものです。この作用は他の作物の摘蕾剤として汎用性はなく、ラッカセイとユリの花器形態は、散布液がトラップされやすいこと及び花器とその他の部位間で界面活性剤に対する感受性が異なることなどに起因して、効果が発現したものと考えられます。

ラッカセイの栄養生長と生殖生長は花芽の分化期〜登熟中期にかけて並行して行われ、開花数は極めて多いにも係わらず、上莢実まで生育をとげるものは極めて少なく、むだ花の多い作物です。LAS-Caを有効成分とする25%乳剤を用いて、開花期から20日目に第1回、その2週間後に第2回目の薬剤散布を行うと、顕著な開花抑制効果が観察されました（図3-8）。200倍処理区で約70%、300倍処理区で約65%の開花抑制効果が認められました。ラッカセイの主産地である千葉県農業試験場で実施した試験においても高い開花抑制効果が観察され、収量調査では約1割の

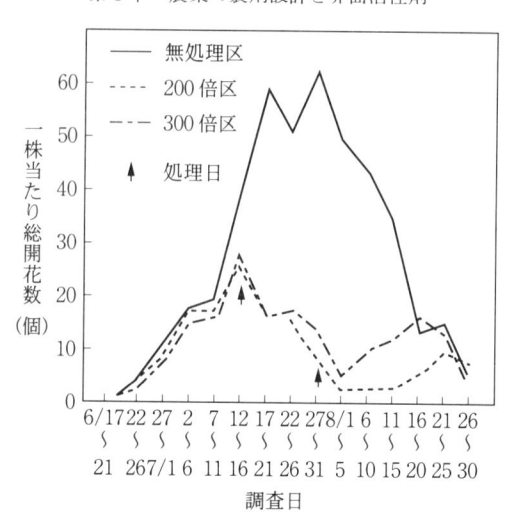

図 3-8 LAS-Ca 処理によるラッカセイの生育時期別開花数の推移
(出典:川島和夫ら,植物の化学調節,18 (1), 77 (1983))

表 3-3 LAS-Ca 処理によるラッカセイの収量に及ぼす影響

| 試験区 | 茎葉重 (kg/アール) | 莢実重 (kg/アール) | 子実重 (kg/アール) | 対比 (%) | 上子実重 (kg/アール) | 対比 (%) | 剝実歩合 (%) | 上実歩合 (%) |
|---|---|---|---|---|---|---|---|---|
| LAS-Ca 200倍 | 38.9 | 30.6 | 16.9 | 108 | 11.1 | 112 | 55 | 66 |
| LAS-Ca 300倍 | 34.1 | 30.6 | 17.6 | 112 | 13.1 | 132 | 58 | 74 |
| LAS-Ca 400倍 | 39.0 | 31.3 | 16.4 | 104 | 11.1 | 112 | 52 | 68 |
| 無処理 | 35.4 | 28.9 | 15.7 | 100 | 9.9 | 100 | 54 | 64 |

試験場所:千葉県農業試験場 (1977年), 供試品種:千葉半立

子実重増と上実歩合の向上が認められました (表3-3)。

このように,薬効薬害試験を実証しながら慢性毒性試験などの動物実験を終えて,1984年に農薬登録を取得したのですが,その後,ラッカセイは貿易自由化になり輸入量が増え,千葉や茨城などの産地の栽培面積は急速に縮小しました。結果として,この

商品は農薬登録更新の継続を断念するに至りました。企業では十分な市場解析に基づいて商品開発及び上市したものであっても，適正な売上と利益が確保されないと当然，軌道修正をしなければなりません。日本の農業においても，補助金を期待するだけでなく自立した経営者としての意識と能力が求められる時代ではないかと考えます。

### （2） オレイン酸石鹸

石鹸であるオレイン酸ナトリウム（オレート）及びオレイン酸カリウム（ジェットロン）は，各々，大塚化学と日本たばこ産業が殺虫剤として農薬登録を取得して販売しております。作用特性はその他の殺虫剤と異なり，物理的なもので，害虫の気門をふさぐことによって，窒息死を引き起こすタイプです。すでに市販されているマシン油乳剤と同じような作用特性と考えられます。

家庭用石鹸は，身の回りで広く使われている化学物質なので，農薬登録の取得後はもっと多く使われるかと予測していたのですが，パンチ力と即効性の不足のため，普及はあまり進展していないのが実情のようです。ここにも農薬を使用する農業従事者のニーズと農産物を購入する一般消費者のニーズにへだたりがあることを読み取ることができます。

2000年にはヤシ油に含まれる脂肪酸を有効成分とする脂肪酸グリセリド剤（サンクリスタル）が，サンケイ化学により農薬（殺虫・殺菌）として商品化されました。翌年の2001年には食品添加物であるプロピレングリコールモノ脂肪酸エステルを有効成分とする殺ダニ剤（アカリタッチ）が，東亜合成と理化学研究所の共同開発から商品化されました。これらは，オレイン酸石鹸と同様に物理的な作用特性のため，薬剤抵抗性が起きにくいことが特徴ですが同様な欠点もあり，今後の普及動向が注目されます。

## 3-4　界面活性剤の植物に及ぼす薬害と生理作用

### （1）　界面活性剤の化学構造と薬害の関係

　薬害を支配する界面活性剤の化学構造の因子として，イオン性，親油基のアルキル鎖長，親水基の塩の種類や酸化エチレン（EO）の付加モル数などが挙げられます。また，界面活性剤の物性（cmc，表面張力など）と薬害の関係も考えられます。一般的に非イオン性，陰イオン性，陽イオン性の順で薬害が強くなり，アルキル鎖長として$C_{8\sim 12}$を境に長鎖になるに従い薬害は減る傾向にあります。親水基の塩（ナトリウム，カリウムなど）はあまり影響を及ぼしません。非イオン性ではEOの付加モル数が多くなるに従い，薬害は減る傾向にあります。

　フーミッジはリンゴとスモモの切取り葉を用いて，薬害を観察しました。調べられた61種の界面活性剤では，非イオン性は薬害が少なく，陰イオン性も概して影響が少ないのに対し，陽イオン性は極めて薬害が強い傾向を示しました。アルキル基の構造と薬害の関係を見ると，例えば陽イオン性のアルキルトリメチルアンモニウム塩ではアルキル鎖長が$C_{12}$から$C_{18}$と長くなるに従い，薬害は低減されました。また，陰イオン性のアルキルスルホコハク酸ナトリウムのアルキル基について，リンゴに対してはエチルヘキシルの時に，スモモに対してはメチルペンチルの時にもっとも強い薬害を示しました。非イオン性では，EO付加モル数が多くなると薬害は弱まる傾向を示しました。

　cmcと薬害の関係は陰イオン性のノニルスルホコハク酸ナトリウムやジイソブチルナフタレンスルホン酸ナトリウムでは，cmcを境にして薬害が観察されました。しかし，用いた界面活性剤の濡れ性と薬害では，直接の関係を認めることはできません

でした。

　筆者らは代表的な界面活性剤40種を選択し，ダイズ，水稲，キュウリとナス幼苗に対する薬害を調べました（表3-4）。供試植物により薬害の程度は異なっており，界面活性剤に対する植物間の耐性が違うこと及び非イオン性でエステル型はエーテル型に比べて薬害の少ないことを明らかにしました。パールとノーマンは，キュウリ幼苗を用いて22種の非イオン性界面活性剤の影響を調べ，同様にエステル型はエーテル型よりも阻害の少ないことを明らかにしました。彼らはオオムギ幼苗を用いた実験で，非イオン性で一部のエステル型がアベナ子葉鞘の伸長を促進することを観察しました。また，花粉に対する影響として発芽や発芽管の伸長が検討され，著しい阻害が観察されました。従って，農薬製剤に配合される界面活性剤の種類によっては，不稔を引き起こす恐れのあることが明らかになりました。

　陽イオン性は薬害が極めて強く，このイオン性に着目して開発されたものに生育抑制剤や除草剤があります。その代表がビピリジリウム塩であるパラコート剤やジクワット剤であり，非選択性除草剤として市販されています。

### （2）界面活性剤の植物に及ぼす生理作用

　まず膜の透過性に関する試験から紹介します。サットンとフォイは赤カブの根部細胞に含まれる色素を指標にしてその漏出程度を測定することにより，界面活性剤の膜に対する影響を調べました。陽イオン性と陰イオン性で処理すると，色素は急速に細胞外に放出し，特に陽イオン性の4級塩での処理は10分間で約50％が放出しました。これに対してエステル型の非イオン性ではほとんど影響がありませんでした。しかし，エーテル型非イオン性ではcmc付近を境にしてイオン物質，糖類と共に色素の放出が増

表 3-4 界面活性剤により引き起こされる薬害

| 化学構造 | | ダイズ | | | 水稲 | | | キュウリ | | | ナス | | |
|---|---|---|---|---|---|---|---|---|---|---|---|---|---|
| | | 0.5 | 0.1 | 0.05 | 0.5 | 0.1 | 0.05 | 0.5 | 0.1 | 0.05 | 0.5 | 0.1 | 0.05 (%) |
| 陰イオン性（アニオン） | | | | | | | | | | | | | |
| $C_{17}H_{33}COONa$ | | 0 | 0 | 0 | 0 | 0 | 0 | 0 | 0 | 0 | 0 | 0 | 0 |
| $C_{12}H_{25}OSO_3X$ | X : Na | 0 | 0 | 0 | 2 | 1 | 1 | 0 | 0 | 0 | 0 | 0 | 0 |
| | X : $NH(C_2H_4OH)_3$ | 2 | 0 | 0 | 2 | 1 | 1 | 0 | 0 | 0 | 0 | 0 | 0 |
| | X : $NH_4$ | 0 | 0 | 0 | 3 | 1 | 0 | 0 | 0 | 0 | 1 | 1 | 0 |
| $C_{12}H_{25}$-⌬-$SO_3Na$ | ABS-Na | 3 | 2 | 1 | 2 | 0 | 0 | 0 | 0 | 0 | 2 | 2 | 0 |
| $C_4H_9$-(naphthyl)-$SO_3Na$ | LAS-Na | 3 | 2 | 1 | 3 | 0 | 0 | 0 | 0 | 0 | 3 | 1 | 0 |
| $ROCOCH_2$ | R : $C_6H_7$ | 2 | 0 | 0 | 3 | 1 | 0 | 0 | 0 | 0 | 0 | 0 | 0 |
| $ROCOCHSO_3Na$ | R : $C_8H_{17}$ | 3 | 1 | 1 | 3 | 1 | 0 | 0 | 0 | 0 | 1 | 0 | 0 |
| | R : $C_{13}H_{27}$ | 4 | 2 | 2 | 4 | 2 | 0 | 2 | 0 | 0 | 3 | 0 | 0 |
| (naphthalene-SO₃Na, CH₂-phenyl-SO₃Na) | | 0 | 0 | 0 | 1 | 0 | 0 | 0 | 0 | 0 | 1 | 0 | 0 |

3-4 界面活性剤の植物に及ぼす薬害と生理作用

| 構造 | | | | | | | | | | | | | |
|---|---|---|---|---|---|---|---|---|---|---|---|---|---|
| $C_{12}H_{25}O(CH_2CH_2O)_nSO_3Na$ | | 3 | 2 | 1 | 4 | 1 | 0 | 0 | 0 | 0 | 2 | 0 | 0 |
| $C_9H_{19}$-〇-$O(CH_2CH_2O)_nSO_3X$ | X : Na | 2 | 0 | 0 | 1 | 0 | 0 | 0 | 0 | 0 | 2 | 0 | 0 |
| | X : NH$_4$ | 3 | 2 | 1 | 2 | 0 | 0 | 0 | 0 | 0 | 3 | 2 | 1 |
| 陽イオン性（カチオン） | | | | | | | | | | | | | |
| [R-N(CH$_3$)$_3$]$^+$Cl$^-$ | R : C$_{12}$H$_{25}$ | 5 | 3 | 1* | 5 | 2 | 0* | 5 | 0 | 0* | 4 | 2 | 0* |
| | R : C$_{16}$H$_{33}$ | 4 | 2 | 1* | 5 | 3 | 0* | 3 | 2 | 0* | 4 | 2 | 1* |
| | R : C$_{18}$H$_{37}$ | 4 | 2 | 1* | 5 | 3 | 0* | 2 | 1 | 0* | 2 | 1 | 0* |
| [C$_{18}$H$_{37}$-N(CH$_3$)$_3$]$^+$Cl$^-$ | | 2 | 1 | 0* | 3 | 1.5 | 0* | 1 | 0 | 0* | 1 | 0 | 0* |
| [〇-CH$_2$-N(CH$_3$)(C$_{12}$H$_{25}$)-CH$_3$]$^+$Cl$^-$ | | 4 | 2 | 0* | 4 | 2 | 0* | 5 | 1 | 0* | 5 | 4 | 2* |
| RN$^+$H$_3$·CH$_3$COO$^-$ | R : C$_{12}$H$_{25}$ | 3 | 1 | 0* | 3 | 0 | 0* | 2 | 0 | 0* | 2 | 1 | 0* |
| | R : C$_{18}$H$_{37}$ | 3 | 1 | 0* | 3.5 | 0 | 0* | 3 | 1 | 0* | 2 | 1 | 0* |
| 非イオン性（ノニオン） | | | | | | | | | | | | | |
| $C_{12}H_{25}O(CH_2CH_2O)_nH$ | n : 4.9 | 3 | 2 | 1 | 3 | 2 | 2 | 1.5 | 0 | 0 | 1 | 0 | 0 |
| | n : 9.2 | 3 | 2 | 1 | 4 | 2 | 2 | 0 | 0 | 0 | 2 | 0 | 0 |
| | n : 11.7 | 4 | 2 | 1 | 4 | 2 | 1 | 0 | 0 | 0 | 2 | 0 | 0 |

第3章 農薬の製剤設計と界面活性剤

| 化学構造 | | ダイズ | | | 水稲 | | | キュウリ | | | ナス | | |
|---|---|---|---|---|---|---|---|---|---|---|---|---|---|
| | | 0.5 | 0.1 | 0.05 | 0.5 | 0.1 | 0.05 | 0.5 | 0.1 | 0.05 | 0.5 | 0.1 | 0.05(%) |
| 非イオン性（ノニオン） | | | | | | | | | | | | | |
| $C_{16}H_{33}O(CH_2CH_2O)_nH$ | n: 5.7 | 2 | 1 | 0 | 2 | 1 | 0 | 0 | 0 | 0 | 0 | 0 | 0 |
| $C_{18}H_{37}O(CH_2CH_2O)_nH$ | n: 6.8 | 3 | 2 | 1 | 3 | 2 | 1 | 0 | 0 | 0 | 0 | 0 | 0 |
| | n: 10.0 | 2 | 1 | 1 | 2 | 0 | 0 | 0 | 0 | 0 | 0 | 0 | 0 |
| | n: 12.4 | 3 | 2 | 1 | 2 | 1 | 0 | 0 | 0 | 0 | 0 | 0 | 0 |
| $C_{18}H_{35}O(CH_2CH_2O)_nH$ | n: 4.8 | 3 | 1 | 0 | 2 | 0 | 0 | 0 | 0 | 0 | 0 | 0 | 0 |
| | n: 9.2 | 3 | 2 | 1 | 2 | 0 | 0 | 0 | 0 | 0 | 0 | 0 | 0 |
| $C_8H_{17}$—〇—$O(CH_2CH_2O)_nH$ | n: 4.9 | 2 | 1 | 1 | 2 | 1 | 0 | 1 | 1 | 0 | 1 | 1 | 0 |
| | n: 8.9 | 2 | 2 | 1 | 2 | 1 | 0 | 1 | 1 | 0 | 1 | 0 | 0 |
| $C_9H_{19}$—〇—$O(CH_2CH_2O)_nH$ | n: 8.1 | 3 | 2 | 1 | 2 | 1 | 0 | 2 | 0 | 0 | 1 | 0 | 0 |
| | n: 16.6 | 2 | 0 | 0 | 2 | 0 | 0 | 1 | 0 | 0 | 0 | 0 | 0 |
| $H_n(OCH_2CH_2)O$〔ソルビタン環 $CH_2OOCR$〕$O(CH_2CH_2O)_nHR$ $O(CH_2CH_2O)_nH$ R: $C_{17}H_{35}$ | R: $C_{17}H_{33}$ | 0 | 0 | 0 | 0 | 0 | 0 | 0 | 0 | 0 | 0 | 0 | 0 |
| | | 0 | 0 | 0 | 0 | 0 | 0 | 0 | 0 | 0 | 0 | 0 | 0 |
| $RCOO(CH_2CH_2O)_{10}H$ | R: $C_{11}H_{23}$ | 1 | 0 | 0 | 1 | 0 | 0 | 0 | 0 | 0 | 0 | 0 | 0 |
| | R: $C_{17}H_{35}$ | 0 | 0 | 0 | 0 | 0 | 0 | 0 | 0 | 0 | 0 | 0 | 0 |

## 3-4 界面活性剤の植物に及ぼす薬害と生理作用

| | | | | | | | | | | | |
|---|---|---|---|---|---|---|---|---|---|---|---|
| $C_{18}H_{35}N\!\!<\!\!\genfrac{}{}{0pt}{}{(CH_2CH_2O)_nH}{(CH_2CH_2O)_nH}$ | 3 | 1.5 | 0 | 3 | 1.5 | 0 | 2 | 1 | 0 | 2 | 1 | 0 |
| 両イオン性 $\quad\quad CH_3$<br>$C_{12}H_{25}-N^+-CH_2COO^-$<br>$\quad\quad CH_3$ | 3 | 1 | 0* | 1.5 | 0 | 0* | 2 | 0 | 0* | 1 | 0 | 0* |

ダイズ,水稲,キュウリ,ナス幼苗に界面活性剤溶液 5 ml を散布後,5 日目に葉に出現する薬害を肉眼により観察した。
0:薬害なし,1:褐変部が微少,2:褐変部が全葉面積の 1/4 以下,3:褐変部が 1/4〜1/2,4:褐変部が 1/2〜3/4,5:褐変部が 3/4 以上。*:0.01% で散布
出典:杉村順夫ら,植物の化学調節,19 (1),34 (1984)

大しました。ニューマンとプリンツは陰イオン性では著しい色素の放出が起こるが，エステル型やシリコン系の非イオン性では全く放出が起こらないと報告しています。

ジョーンらは，ダイズと野性ネギの葉肉遊離細胞をあらかじめ $^{14}C$（炭素14）でラベル化した後，界面活性剤溶液に懸濁して膜の影響を調べました。その結果，陽イオン性処理では，$^{14}C$ラベル化合物の細胞外への放出は短時間のうちに多量に起こり，この放出は細胞膜の破壊によるものではなく，細胞膜の透過性の変化に由来するものであることが明らかになりました。しかし，エステル型非イオン性と陰イオン性の処理では$^{14}C$の放出はわずかしかなく，細胞膜への影響は少ないものと考えられます。

次に光合成能に及ぼす影響について紹介します。非イオン性のオオムギ切取り葉の光合成能に及ぼす影響が調べられ，阻害が観察されました。ダイズ遊離細胞では非イオン性と陰イオン性は影響が認められなかったが，陽イオン性は著しく阻害を示しました。さらに細胞分裂能に及ぼす影響として，22種の界面活性剤の中で16種はエンドウ根端細胞の分裂を阻害し，一部の陽イオン性，非イオン性や陰イオン性に強い阻害が観察されました。

ハーパラの実験によると，エーテル型非イオン性はcmcを境に濃度が高くなるに従い原形質流動は短時間で止まり，強い原形質分離を起こしました。イネ根毛の原形質流動は，エーテル型非イオン性や陰イオン性に比べて陽イオン性では極めて低い濃度で止まり，根端細胞での異常な原形質分離も観察されました。また，トーウネは，ダイズ遊離細胞を用いて細胞内の膜構造を調べ，陽イオン性で処理された時には完全に破壊され，非イオン性で処理された時には葉緑体のグラナに著しい症状が現れたと報告しています。

従って，多様な作用性をもつ界面活性剤については，製剤の物

## （3） 界面活性剤の植物体内への移行と代謝

処理された界面活性剤の植物体内への取り込み，移行及び代謝に関する研究はあまりありません。代表的な実験としてスミスとフォイの非イオン性を用いた報告があります。彼らは酸化エチレン部または脂肪酸部を $^{14}C$（炭素14）でラベル化したTween 20（ポリオキシエチレンソルビタンモノラウレート）を用いて，$^{14}C$ の体内分布と移行量を調べました。葉面処理部から全身への移行は極めて限られており，処理部に局在することが明らかになりました。移行した $^{14}C$ の分布はラベル化した位置により異なり，EOをラベル化した場合では葉の先端部に，脂肪酸をラベル化した場合では根及び生長部に移行する傾向が認められました。

同様に非イオン性の Triton X-100（ポリオキシエチレンオクチルフェニルエーテル）について，オオムギ切取り葉と無傷のオオムギに対する影響が $^{14}C$ でラベル化したもので調べられています。切取り葉では処理量の約70％が数時間のうちに吸収され，葉全体に分布しました。一方，無傷植物の葉面処理では，$^{14}C$ の大部分は処理部に局在し，約10％が葉の先端方向へ移行することが観察されました。

陰イオン性の ABS（分岐型アルキルベンゼンスルホン酸塩）や LAS（直鎖型アルキルベンゼンスルホン酸塩）の実験例があります。$^{35}S$-ABS-Na のヒマワリ幼苗根からの吸収量はわずかであり，吸収量の大部分は処理部の根に局在し地上部への移行は極めて少ない結果でした。筆者らも，$^{14}C$-LAS-Ca, Na の2種の異なる塩を用いて無傷のラッカセイの葉に処理し，移行をオー

表 3-5　$^{14}$C-LAS-Ca と $^{14}$C-LAS-Na のラッカセイ葉での $^{14}$C の移行分布

| 部位 | 全投与量の $^{14}$C の百分率（％） | | | |
|---|---|---|---|---|
| | LAS-Ca | | LAS-Na | |
| | 7日後 | 30日後 | 7日後 | 30日後 |
| a | 78.52 | 80.54 | 79.76 | 70.10 |
| b | 0 | 0.12* | 0 | 0 |
| c | 0 | 0 | 0 | 0 |
| d | 0 | 0 | 0 | 0 |
| e | 0 | 0 | 0 | 0 |
| 回収率** | 78.52 | 80.66 | 79.76 | 70.10 |

\*は豆科特有の葉の開閉運動による接触に起因
\*\*は投与量の 20〜30％ がシリコーンリングに付着したため
出典：川島和夫・竹野恒之，油化学，31，944（1982）

トラジオグラフによる定性と実測による定量を行い，処理部位から移行しないという同様な結果を得ています（表3-5）。

アンダーソンとガーリングは界面活性剤の種類，アルキル鎖長，葉面での付着状態により，葉面からの取り込みは著しく変化すると報告しています。一般的に処理方法（葉面，水耕または土壌処理など）に係わらず，無傷植物での吸収・取り込み量は限られている例が多く，傷口とか切断口がない限り多量に移行することはないものと考えられています。たとえ微量であろうが移行したとしても，界面活性剤の分子の状態で取り込まれ移行するのか，または代謝された分解物として移行するのかなど，まだこれからの研究成果を待たなければなりません。

# 第4章 環境保全型農業に貢献するアグロケミカル

## 4-1 日本でのアジュバント普及

### （1） 植物成長調整剤と殺菌剤での応用

1970年代に界面活性剤の応用研究からLAS-Caを有効成分とする植物成長調整剤（植調剤）の商品化が進められる中，筆者自身は第3章ですでに紹介したラッカセイの摘蕾剤としての作用特性及びLAS-Caの各種作物への応用研究に従事していました。幸いにも農薬登録は1984年に認可されたのですが，標的としたラッカセイは貿易自由化になり，国内の主要な産地である千葉や茨城などの栽培面積は急速に縮小の一途をたどりました。商品化された農薬はまったく普及が進まない状況下，注力テーマは植調剤の摘蕾剤からアジュバントの開発及び普及へと移っていきました。

アジュバント技術の先駆けは，約20年前の静岡県茶業試験場との共同研究に遡ります。すでに商品化されていたアプローチBI（当時の製品名：アトロックスBI）の薬害試験を担当し，既存の展着剤と比べて各種作物に対して悪影響の少ないことと可溶化能が高いことを確認しました。ちょうど，その頃に静岡県で茶の輪斑病の耐性菌に対して，ベノミル剤（ベンレート）の代替

表 4-1 茶輪斑病に対する TPN 剤のアジュバント加用効果

| 試　験　区 | 摘採から散布までの期間 | 発病葉数/m² | 防除率(%) |
|---|---|---|---|
| TPN 剤＋アプローチ BI　500 倍 | 直　後 | 12 | 95 |
| TPN 剤＋アプローチ BI　1000 倍 | 直　後 | 8 | 97 |
| TPN 剤 | 直　後 | 28 | 89 |
| TPN 剤＋アプローチ BI　500 倍 | 1 日後 | 80 | 68 |
| TPN 剤＋アプローチ BI　1000 倍 | 1 日後 | 95 | 63 |
| TPN 剤 | 1 日後 | 155 | 39 |
| 無処理区 | — | 253 | — |

TPN 剤：ダコニール水和剤 800 倍，試験場所：静岡県茶業試験場
出典：堀川知廣ら，茶業研究報告，57，18（1983）

して TPN 剤やダイホルタン剤を 1 番茶の摘採と同時に散布しないと，効果が発現しないという問題がありました。摘採と同時に散布することは作業上，不可能に近く，茶摘み後数日目にこれらの薬剤散布で効果を発現させる浸透剤（アジュバント）が強く求められていました。そのような状況下で，静岡県茶業試験場との共同研究が始まりました（表 4-1）。

薬効は試験場の圃場（ほじょう）で調査され，3 種のアジュバントが浸透剤として効果を示すことが確認されました。その中のひとつがアプローチ BI で，試験場からの要望もあり，茶での作物残留試験を TPN 剤について検討しました。その結果，作物残留を増大させる傾向のないことが明らかになりました（表 4-2）。作業性の改善に貢献できるとのことで，試験の翌年に静岡県の防除基準に茶の輪斑病防除の際にアジュバントを加用することが明記されました。日本で機能性展着剤であるアジュバントが，殺菌剤との組合せで初めて防除基準に記載された画期的な出来事でした。

実はそれ以前に，機能性展着剤としてアジュバントが認知され

表 4-2 アジュバント加用による TPN 剤の茶中残留量試験

| 試　験　区 | | 茶浸出液からの抽出（ppb） | 荒茶からの直接抽出（ppb） |
|---|---|---|---|
| TPN 剤 | | 89 | 584 |
| TPN 剤＋アプローチ BI | 500 倍 | 29 | 213 |
| 無処理区 | | 検出されず | 42 |

1％ の危険率で有意差あり。TPN 剤：ダコニール水和剤 800 倍
出典：堀川知廣ら，茶業研究報告，57, 18（1983）

表 4-3 ブドウの無核果に及ぼすアジュバントの効果試験

| アプローチBIの濃度（％） | 洗浄までの時間（h） | 房長（cm） | 房重（g） | 無核果 粒重(g) | 無核果 粒数 | 無核果粒率（％） | 糖度 |
|---|---|---|---|---|---|---|---|
| 0.1 | 2 | 11.9 | 97.7 | 55.3 | 97.9 | 89.3 | 21.4 |
|  | 4 | 11.6 | 82.9 | 76.6 | 85.5 | 90.8 | 20.8 |
|  | 無洗浄 | 12.4 | 109.1 | 105.6 | 96.4 | 99.9 | 20.9 |
| 0.3 | 2 | 11.9 | 88.1 | 77.8 | 91.6 | 93.4 | 21.0 |
|  | 4 | 11.7 | 88.8 | 83.7 | 83.8 | 97.8 | 20.9 |
|  | 無洗浄 | 12.2 | 104.6 | 100.5 | 95.7 | 100.0 | 21.1 |
| 無加用 | 2 | 11.9 | 99.2 | 57.9 | 80.4 | 71.5 | 21.7 |
|  | 4 | 12.1 | 99.7 | 57.1 | 81.2 | 71.5 | 21.7 |
|  | 無洗浄 | 12.9 | 101.5 | 97.3 | 93.0 | 100.0 | 21.1 |

第 1 回処理（5 月 30 日）：ジベレリン 100 ppm＋アプローチ BI，第 2 回処理（6 月 22 日）：ジベレリン 100 ppm＋市販展着剤 0.01％，供試品種：デラウェア，アプローチ BI：当時の試験名はアトロックス BI，試験場所：長野県農業試験場
出典：柴寿ら，長野県農業試験場報告，38, 152（1974）

た分野がありました。それはブドウの無核果（種なし化）のために散布するジベレリンに加用する場面でした。ブドウの品種デラウェアに対する植調剤のジベレリン処理は，ちょうど梅雨時に当たり散布後の降雨が問題になっていました（表 4-3）。長野県農業試験場で検討され，アプローチ BI に耐雨性効果が認められ，

県の防除基準に採用されました。アジュバントが植調剤との組合せで日本で初めて防除基準に記載されたのは，リンゴの摘果剤 NAC 剤（ミクロデナポン）であり，現在も植調剤に広く使用され，ブドウの花振い防止剤メピコートクロリド剤（フラスター）にも加用して安定した効果が得られています。

さらに，各種のアジュバントの開発が進み，初めて汎用タイプの陽イオン性界面活性剤を有効成分とするアジュバントとしてニーズが上市されました。キュウリ，メロンやカボチャなどのウリ類のうどんこ病は，SBI 剤の耐性菌問題もあり，現場では 1 週間間隔で薬剤散布が行われており，効果の安定化と散布回数の低減化が重要な課題になっていました。ニーズを用いた試験が，九州植物防疫協会を通じて佐賀県農業試験場と鹿児島県農業試験場で実施されました（図4-1）。2種類の殺菌剤を用いてニーズの加用効果が検討された結果，慣行の 1 週間間隔散布と同等以上の防除効果が認められました。特に SBI 剤へ加用することにより，増強効果が顕著に認められました。

この試験結果から，ウリ類うどんこ病についてアジュバントであるニーズを加用することにより，農薬の散布間隔を 1 週間から 2 週間へ延長できることが示唆されました。同時にべと病についてもニーズ加用の効果が検討され，増強効果が確認されました。

リンゴは，すでに第 1 章で無農薬栽培では大きな損害を被るため，農薬の活用が大前提であることを説明したように，年間 10〜12 回の薬剤散布が行われています。6 月中旬から 7 月下旬にかけて発生する斑点落葉病について，岩手県園芸試験場でニーズを用いた省力散布試験が実施されました（表4-4）。その結果，ニーズは殺菌剤の効果を増強させ，慣行の 10 日間隔を 15 日間隔に延長しても同等な防除効果が認められました。この時期はすでに新梢の生育が止まっており，ニーズ加用により散布間隔の延長

4-1 日本でのアジュバント普及　　89

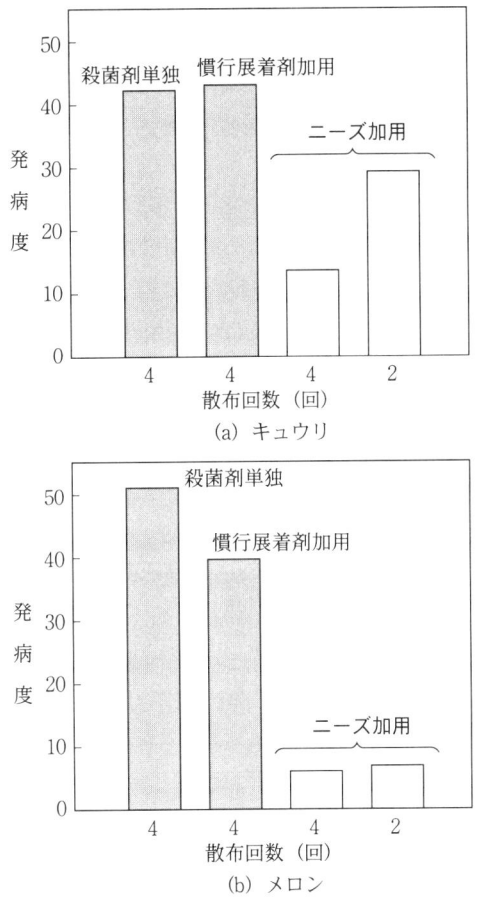

**図 4-1** ウリ類うどんこ病防除における散布回数の低減試験。(a) 1992年佐賀県農業試験場, 供試殺菌剤：TPN 40% フロアブル1000倍（ダコニール）, (b) 1992年鹿児島県農業試験場, 供試殺菌剤：トリアジメホン水和剤3000倍（バイレトン）。散布回数：4回は1週間間隔, 2回は2週間間隔

第4章 環境保全型農業に貢献するアグロケミカル

**表 4-4** リンゴ斑点落葉病の省力散布に対するアジュバント効果試験

| 試 験 区 | 散布間隔 | 調査葉数 | 100葉当たり病斑数 | 発病葉率(％) | 薬害 |
|---|---|---|---|---|---|
| ニーズ | 10日 | 339 | 19 | 13.4 | 無 |
| ニーズ | 15日 | 320 | 27 | 16.5 | 無 |
| 慣行展着剤 | 15日 | 305 | 52 | 30.5 | 無 |
| 無加用 | 10日 | 299 | 21 | 16.2 | 無 |
| 無加用 | 15日 | 322 | 54 | 29.8 | 無 |
| 無処理 | — | 208 | 432 | 82.0 | — |

ニーズは1000倍加用，慣行展着剤は5000倍加用，試験場所：岩手県園芸試験場，供試殺菌剤：キャプタン・ホセチル（アリエッティC水和剤800倍），散布日：10日間隔（合計5回：6/16, 6/25, 7/5, 7/15, 7/27），15日間隔（合計4回：6/16, 6/30, 7/15, 7/31），調査日：1993年8月12日

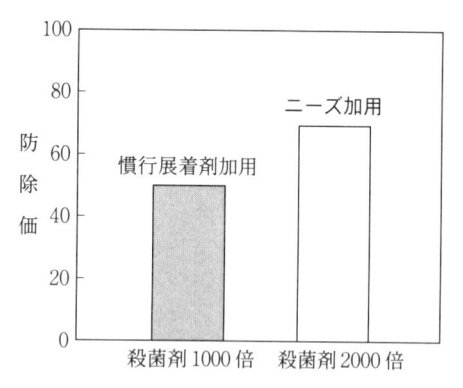

**図 4-2** ナスの灰色かび病防除に対するアジュバントの効果試験（1991年大阪府農林技術センター）。供試殺菌剤：プロシミドン水和剤（スミレックス）

が期待でき，同じような試験結果が秋田県果樹試験場でも得られています。

また，ニーズを用いて耐性菌問題のある灰色かび病に対する試験が，大阪府農林技術センターにて行われました（図4-2）。殺菌剤としてプロシミドン剤（スミレックス）が選択され，対照区

の殺菌剤濃度を半減してニーズを加用した結果，はるかにまさる防除効果が得られました。リンゴのモニリア病についても同じような試験結果が，岩手県園芸試験場でビンクロゾリン剤（ロニラン）について確認されました。

このように，殺菌剤にアジュバントを加用することにより，単に薬効を安定させたり高めるだけでなく，散布回数の削減化や散布濃度の低減化にも貢献できることが確認されています。

### （2） 殺虫剤での応用

ブドウに大きな被害をもたらすトラカミキリの休眠期防除が，アプローチBIを用いて広島県果樹試験場にて実施されました（表4-5）。試験は樹木に侵入しているトラカミキリの幼虫に対するマラソン・MEP剤（トラサイドA乳剤）の効果を観察するものであり，殺虫剤の濃度を高めるよりもアジュバントを加用することが，より高い殺虫効果を示しました。さらにそのアジュバント濃度を高めることにより，100％に近い殺虫効果が認められ，

**表 4-5** ブドウトラカミキリ防除に及ぼすアジュバント効果試験

| トラサイドA乳剤 | POEヘキシタン脂肪酸エステルの濃度 | 幼虫食虫数 | 生存虫数 | 生存虫率(％) |
| --- | --- | --- | --- | --- |
| 200倍 | 200倍 | 8.7 | 0.1 | 0.6 |
| 200倍 | 500倍 | 9.8 | 0 | 0 |
| 200倍 | — | 14.1 | 1.5 | 10.9 |
| 400倍 | 200倍 | 16.1 | 1.0 | 5.0 |
| 400倍 | 500倍 | 12.9 | 1.7 | 12.8 |
| 400倍 | — | 14.0 | 3.7 | 20.1 |
| 無処理 | — | 16.0 | 6.9 | 40.7 |

POEヘキシタン脂肪酸エステル：アプローチBI，処理日：1976年3月22日，調査日：1976年6月4日，試験場所：広島県果樹試験場
出典：松本要・藤原昭雄，応用動物昆虫学会誌，22(1)，38(1978)

アジュバント加用により樹木への薬剤の浸透が高まるためと推察されました。

アプローチBIを用いた殺虫剤に対する試験はマツクイムシ防除についても実施されており，MEP剤（スミチオン）の濃度を高めるよりもアジュバントを加用する方が効果面のみならず，経済面でもすぐれていることが明らかにされています。

その後のアジュバント研究において，さらに安全性の高い基剤のスクリーニングが行われました。その結果，マーガリンやホイップクリームなどの乳化剤として使用されている食品添加物を有効成分とするスカッシュが，1994年に登録を取得しています。殺虫剤と殺菌剤用アジュバントとして使用されており，特に殺虫剤に加用する場面で多く使用されています。茶のカンザワハダニに対する加用効果が宮崎県総合農業試験場と三重県農業技術センターで実施されました（図4-3）。その結果，スカッシュを加用することにより著しく防除効果が高まることが明らかになりました。ダニのみならず，アブラムシやカイガラムシなどについても同様に高い効果のあることが確認されています。

現場ではアブラムシやダニなどは抵抗性問題が深刻化し，マシン油乳剤のような物理的な作用特性のある薬剤が見直されています。しかし，マシン油は以前から作物への薬害が懸念されて，カンキツ類でも使用時期が限定されており，その他の作物への拡がりは今一歩の状況にありました。スカッシュの有効成分は油溶性であり，皮膜を形成する能力があることから，薬剤の浸透性を高めるだけでなく，皮膜作用による相乗効果が観察される農薬もあります。

具体的には，MEP剤やクロルピリホス剤などの有機リン剤，酸化フェンブタスズ剤や水酸化トリシクロヘキシルスズ剤などの有機スズ剤，エトキサゾール剤やフェンピロキシメート剤などの

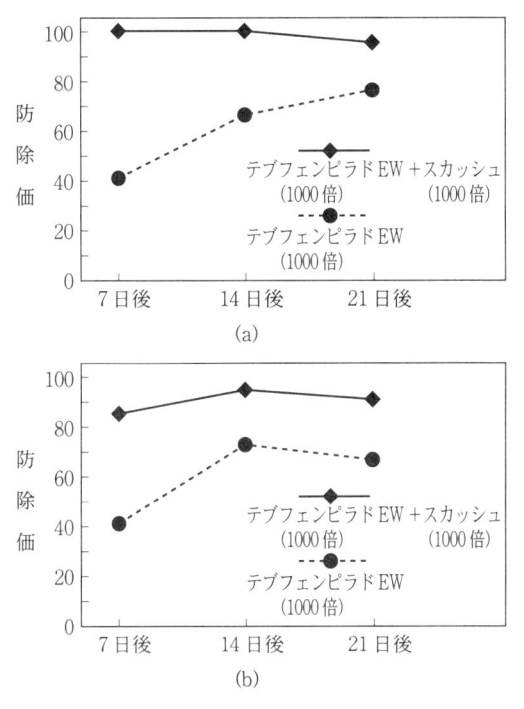

図 4-3 茶のカンザワハダニ防除に対するアジュバント効果試験。(a) 1994 年宮崎県総合農業試験場茶業支場，(b) 1995 年三重県農業技術センター茶場センター。

殺ダニ剤に対して増強効果が確認されています。

### (3) 除草剤での応用

日本では除草剤にアジュバントを加用することはもっとも一般的であり，サーファクタント WK，サプライやレナテンなどの展着剤が除草剤専用として農薬登録が取得されています。

ここでは，世界でもっとも普及している除草剤であるグリホサ

ート剤に対する2種の界面活性剤（アジュバント）の効果をまず紹介します。ネルソンとガーリックは milkweed と hemp dogbane を供試雑草として用い，2種類の界面活性剤の HLB がグリホサート剤の殺草性に及ぼす効果を検討しました。その結果，ポリオキシエチレン（POE）ステアリルエーテルについては HLB が 15～16，POE ステアリルアミンについては HLB が 19～20 の時に殺草効果が最大になることが観察されました。グリホサート剤は特許が切れたこともあり，ジェネリックが多く出回っているが，効果の安定・増強のために各種のアジュバントが配合されています。

ジェネリックとは，一般に特許が切れて農薬登録を受けて 15 年以上が経過している既登録の農薬と同等な有効成分であり，安全性試験などを代替書で対応して登録された農薬をいいます。

さらにネルソンとガーリックは，グリホサート剤と同じ非選択性除草剤であるパラコート剤など3種について POE アルキルフェニルエーテルの酸化エチレン（EO）の付加モル数との関係も検討しています。その結果，加用する界面活性剤のアルキル基の違いはあるものの，EO 付加モル数が 10～20 の時にもっとも高い殺草効果を示しました。それは EO 付加モル数が 20 以上になると分子量が大きくなりすぎ，5 以下では親油性が強すぎるためと考えられます。

元来，土壌処理型除草剤である DCMU 剤やブロマシル剤などに非イオン性界面活性剤を有効成分とするアジュバントを加用すると，茎葉処理型と同じように殺草効果が発現します（図 4-4）。このようにアジュバントは，その農薬のもつ本来の作用特性を変えるほどの効果を発現する場合もあります。

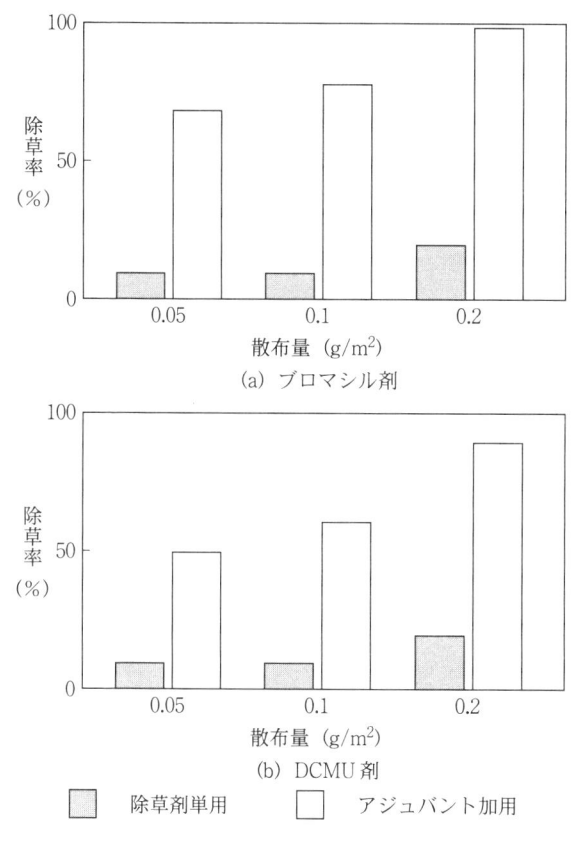

図 4-4 土壌処理型除草剤へのアジュバント加用効果。供試除草剤：非選択性除草剤（ブロマシル剤，DCMU剤），対象雑草：メヒシバ（草たけ20 cm），調査：残存草量（散布1カ月後）。アジュバント：エーテル型非イオン性界面活性剤（サーファクタントWK）

### （4） アジュバントの作用特性

葉面散布を例にして，界面活性剤がどのように農薬の効力を増強させているのかを各プロセスごとに考えてみましょう。まずは①処理液での作用，次に②葉面上での作用，そして③農薬の

取り込みと移動での作用のプロセスがあります。

**処理液での作用**

まず，処理液での作用について，農薬と界面活性剤の分子間相互作用（例えば，ミセル構造）が散布液の調製時に生じており，農薬と界面活性剤の組合せ方で溶液の物理化学的性状が変化し，このことが農薬の効力を左右するひとつの因子と考えられます。加用する界面活性剤の種類により，農薬の水溶解性が変化し農薬の効果に差異が生ずることが知られています。

**葉面上での作用**

処理液の葉面での状態は，葉表面構造，ワックス組成，散布量や液滴の大きさなどにより著しく異なります。界面活性剤の加用により，散布液の表面張力，葉表面での接触角を低下させることができるので，特に濡れ性の悪い植物では農薬の効果を高めることができます（図 4-5）。ブライアンは，非イオン性界面活性剤をパラコート剤に加用すると，濡れ性の悪いカモガヤの場合には約 8 倍も取り込みが増加するものの，濡れ性のよいトマトではその取り込み量は増加しないことを報告しています。このように，散布液の物理性（濡れ性，拡展性，付着性，固着性など）が農薬の効力に一義的に関与していることも認められています。

表面張力の低下と気孔からの取り込みの関係については，気孔の形態にも影響されるが，表面張力が 70〜73 dyne/cm の水では

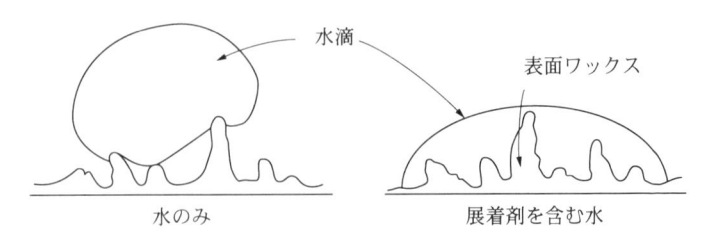

図 4-5 葉面への水滴の付着

取り込みは起こりません。しかし、グリーンとブコバックは界面活性剤を加用して表面張力が低下すると、気孔内への取り込みが増え、特に30 dyne/cmにまで低下させると取り込み量がさらに増えることを報告しています。すなわち、植物ホルモン活性のあるNAA(ナフタレン酢酸)溶液の気孔からの取り込みは極めて限られているが、界面活性剤加用により取り込みが促進されることが明らかにされています。

界面活性剤を加用し、十分な濡れ性が与えられても農薬の取り込みが促進されず、農薬の効力も増強されないことが多々あります。すなわち、①増強効果を発現させる濃度はcmc以上の濃度が必要である、②表面張力及び接触角の低下と増強効果との相関性は絶対ではない、③前述した農薬/界面活性剤/植物の組合せにおいて、ある限定された界面活性剤のみが有効であると整理することができます。

**農薬の取り込みと移動**

これらのことから第3の作用特性として、農薬の葉面からの取り込みや移動の促進が考えられます。スミスとフォイは、ラベル化された非イオン性界面活性剤を用いて処理した葉表面部と処理直下の組織に作用点のあることを示唆しています。界面活性剤は葉表面のワックスを可溶化したり、クチクラ膜のクチン層に配向し、クチクラ膜にhydrophilic channelsが形成されてクチクラ膜の膨潤化や電荷状態の変化を起こし、農薬のクチクラ膜浸透を容易にするものと概念的に考えられます。すべての農薬に適用できるのではなく、農薬の化学構造、分子量や電荷などの性状によって効果発現は大きく異なります。

クチクラ膜とは、葉面の外層膜で、表皮細胞の外側に0.1〜30μm程度の厚みをもちます。ヒドロキシ脂肪酸ポリエステル（クチン）とワックスとからなるクチン層を中心に、その内側にペク

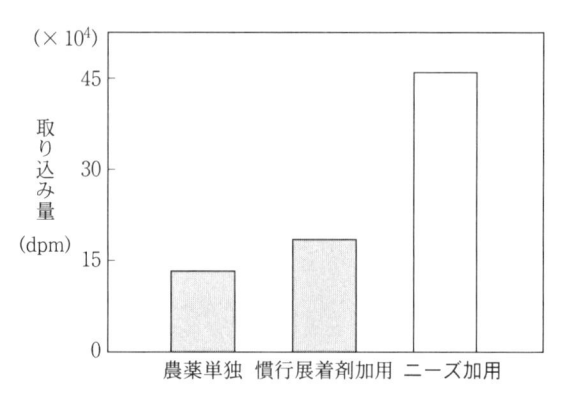

**図 4-6** 病原菌への殺菌剤の取り込みに及ぼすアジュバントの効果。方法：$^3$H-SBI 剤を用いて，発芽胞子（斑点落葉病菌）に対する薬剤の取り込み量を液体シンチレーションカウンターにて測定。結果：ニーズ加用により，SBI 剤単独に比べて 3 倍強，取り込み量の促進が観察された。

チン層，外側にエピクチクラワックスがあります。

すでに紹介したアプローチ BI は，可溶化能との関係により効果増強が発現するものと考えられます。陽イオン性界面活性剤が配合されたニーズは，病原菌の表面電荷や殺菌剤の菌への取り込み量も調べられています（図4-6）。ラベル化した $^3$H-SBI 剤を用いて斑点落葉病菌への取り込み量を調べ，約 3 倍の取り込み量が観察されています。その取り込みの促進は，非イオン性の可溶化能及び陽イオン性の細胞膜の流動化作用によるものと推察されます。

界面活性剤を有効成分とするアジュバントは，葉面処理以外の土壌処理でも浸透性が高められたり効力が増強された報告もあります。従ってアジュバントは，昨今，求められている減農薬・省農薬に大いに貢献できる可能性を秘めており，少しずつ着実に現場で実証されて普及しつつあります。

## 4-2 アメリカでのアジュバント普及

### (1) アジュバント市場

アメリカでは各種のアジュバントが実用化されています。消泡や固着などの物性の改良もあるが，基本的な考えは農薬の効果の増強と安定化にあり，農薬代や労働時間などの総経費の削減が大きな狙いとなっています。日本とは異なり，畑作での散布水量は10アール当たり25リットルを標準とし，日本の4分の1以下の高濃度少量散布システムを採用しています。農薬の高濃度散布による作物への薬害について，収量に影響しないレベルは許容され，途中の生育段階での薬害については日本とは少し異なるようです。従って，日本で農薬登録の取得を断念した農薬（特に選択性除草剤）がアメリカで商品化されている事例もあります。また，農業従事者が圃場にて加用する別添型のアジュバントは，カリフォルニア州を除いて日本と異なり農薬登録の対象になっていません。

アメリカは世界最大のアジュバント市場で，マシン油，植物油，界面活性剤，有機溶剤や無機物などのさまざまなアジュバントがあり，約80社がアジュバントを販売しています。ヘレナケミカルのアンダーウッドは，金額ベースで非イオン性界面活性剤26％，植物油濃縮型26％，肥料配合型16％が主流になっていると推定しています（図4-7）。使用濃度は，一般的に植物油濃縮型で0.5％以上，界面活性剤で0.2％以上で加用されています。

アメリカの農薬市場73億ドルの中で，トウモロコシとダイズが全体の半分以上を占め，特に除草剤は約7割を占めます。非選択性除草剤の中で最大市場のものが，グリホサート剤（ラウンドアップ）であり，アジュバントの対象農薬の主役でした。しかし

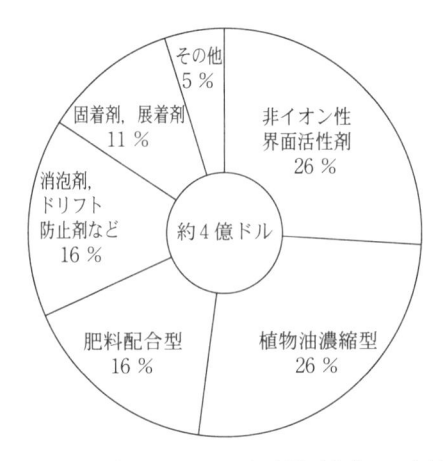

100  第4章 環境保全型農業に貢献するアグロケミカル

```
             その他
              5％
固着剤,展着剤        非イオン性
   11％           界面活性剤
                   26％
消泡剤,
ドリフト    約4億ドル
防止剤など
 16％

  肥料配合型        植物油濃縮型
   16％            26％
```

**図 4-7** アメリカにおけるアジュバント市場（出典：日本植物防疫協会主催シンポジウム「21世紀の農薬散布技術の展開」講演要旨，p. 121（2000））

ながら，ラウンドアップレディという遺伝子組み換えダイズ（グリホサート散布で枯れない品種）の上市後，この市場の急速な縮小により，アジュバント市場も減少する傾向にありました。しかし，2000年に再度，遺伝子組み換えダイズの安全性に疑問が投げかけられ，ラウンドアップレディの普及率の低下に伴い，グリホサート剤用アジュバントが再浮上し，アメリカ全体のアジュバント市場も前のレベルに戻りつつあるようです。

### （2） ヘレナケミカルの普及活動

アメリカでは，ヘレナケミカル（ヘレナ），ラブランドやテラなど約80社がアジュバントを供給しており，ヘレナがもっとも高いシェアをもっています。ヘレナは農業従事者の需要に合わせて，汎用タイプの植物油濃縮型からスペシャリティまで品揃えがしっかりしており，さらに各地に営業マンが配置されています。

彼らの役割は現地において，ある作物の病害虫に対して相性のよい農薬を選択し，最適な使用方法を実証しながら技術を確立するというものです。その際に重要なことは，アジュバントを活用して単に生物効果の増強を狙うだけでなく，経済性や作業上の利点などを探すことです。

ヘレナは，日本でいう配合屋（formulator）として機能しており，ニッチ市場を積極的に掘り出し，日本からの商品導入にも積極的に活動しています。

ニッチ市場とは，競争者からの直接の攻撃を避けながら，その市場への影響力を行使して十分な利益をあげることのできる市場細分を指します。ニッチとは隙間あるいは適所のことです。

## 4-3 生物農薬

### （1） 生物農薬の定義と特性

以前は農薬のほとんどが化学農薬でしたが，近年になってさまざまな生物農薬が商品化されています。生物農薬とは，有害生物の防除に利用される，拮抗微生物，植物病原微生物，昆虫病原微生物，昆虫寄生性線虫，寄生性あるいは捕食性昆虫などの生物的防除資材の総称で，生きた微生物を有効成分とする微生物農薬と天敵に大別されます（図4-8）。

生物農薬は，元来，自然界に存在する生物を利用することから安全性が高く環境保全型農業に適するものと考えられ，次のような長所が挙げられます。

・標的以外の生物への影響が少なく選択性が高い
・病害虫に薬剤抵抗性（耐性菌）が発達しにくい
・開発の費用が安い
・農薬登録に必要な安全性試験が簡単であり，上市までの期間

第4章 環境保全型アグロケミカル

```
生物農薬 ─┬─ 天敵 ─────┬─ 昆虫 ・・・・・・ 寄生性昆虫，捕食性昆虫
         │           │
         │           └─ 線虫 ・・・・・・ 寄生性線虫
         │
         └─ 微生物 ──┬─ 糸状菌 ・・・・・ 昆虫病原糸状菌，線虫捕捉糸状菌
            農薬    │
                    └─ 細菌 ・・・・・・ 昆虫病原細菌，植物病原細菌
```

図 4-8 生物農薬の分類

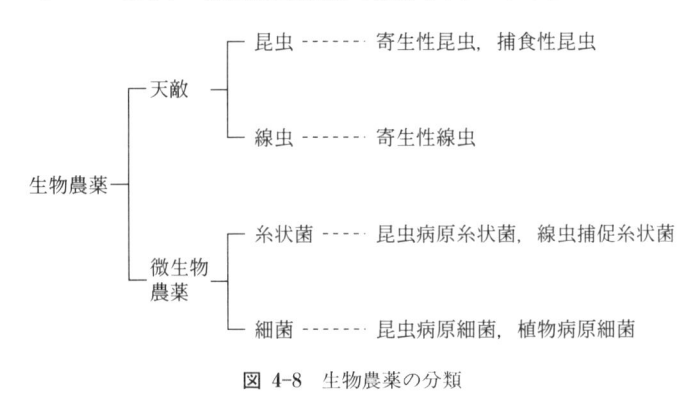

が短い

上記の長所に対して，次のような短所が挙げられます。

・効果が化学農薬に比べて劣る
・効果の持続性がなく，処理回数が多くなる
・製品の安定性や保存性に問題がある
・量産が困難であり，製造費用が高くつくことがある
・対象となる病害虫の範囲が狭いため市場が小さい

特に効果面については，効果発現までに時間を要することと環境要因の影響を受けやすいため，安定した即効性の効果を望む日本の生産者に受け入れられるかという課題があります。

生物農薬は各国で実用化されているが，我が国ではまだ1%未満のシェアです。生物農薬の作用特性からみて，日本のように各種の病害虫が発生する気象条件では生物農薬だけで対応することは難しく，化学農薬の有効利用が大前提になります。しかし，地球規模での環境問題を考えると，環境負荷のより低い生産システムの実現に向けて生物農薬の進展は大いに期待されます。

## （2） 微生物農薬

微生物を有効成分とする微生物農薬として多く用いられているのは、細菌と糸状菌です。日本では殺菌剤、殺虫剤及び除草剤として農薬登録が取得されています（表4-6）。

微生物農薬の特性として、一般に次の6点が挙げられます。
・自ら増殖して作用する
・宿主（しゅくしゅ）特異性が大きい
・効果の発現は遅い
・環境の影響を受けやすい
・流通や保存の問題を抱えている
・安全性が高い

微生物農薬を利用する背景のひとつに微生物の多様な能力や活性の利用があり、もうひとつは自然界に存在しない化学農薬よりも安全で環境にやさしいという考えがあります。特に微生物農薬が期待される場面として、施設栽培のような閉鎖環境系や土壌病害虫の防除などが挙げられます。

微生物農薬の代表は、BT剤（*Bacillus thuringiensis*）という細菌で殺虫剤として上市されています（表4-7）。BT剤には生きたままで製剤化された生菌製剤と死滅させた状態の死菌製剤があります。BT剤は菌の種類によりコナガ、アオムシなどに効くもの、ハエ、カに効くもの、甲虫に効くものがあり、野菜、リンゴや茶などに使用されています。BT剤は菌体の中に結晶性毒素をつくり、昆虫が菌のついたエサを食べるとアルカリ性の消化管の中で毒素が活性化され、殺虫力を示すようになります。ミツバチのように消化管がアルカリ性ではない昆虫や胃液が酸性の哺乳類には毒性を示しません。

糸状菌を有効成分とする微生物農薬は、タバコのサツマイモネコブセンチュウ防除に使用されています。ウイルスは海外ではす

表 4-6 日本で登録された微生物農薬

| 商　品　名 | 有 効 成 分 | 主な適用病害虫 | 使用法 |
|---|---|---|---|
| 〔殺菌剤〕 | | | |
| トリコデルマ生菌<br>(糸状菌：拮抗性) | Trichoderma lignorum | タバコ：白絹病 | 土壌混和 |
| バクテローズ<br>(細菌：抗菌と競合) | Agrobacterium radiobactor strain 84 | バラ・キク：根頭がんしゅ病 | 水に希釈後根浸漬 |
| バイオキーパー水和剤<br>(細菌：抗菌と競合) | Erwinia carotovara subsp. | ハクサイ・ダイコン・バレイショ・ネギ、レタス：軟腐病 | 水に希釈後葉面散布 |
| ボトキラー水和剤<br>(細菌：競合) | Bacillus subtilis | ナス・トマト：灰色かび病 | 水に希釈後葉面散布 |
| 〔殺線虫剤〕 | | | |
| パストリア水和剤<br>(細菌：天敵) | Pasteuria penetrans | トマト・キュウリ・サツマイモなど：ネコブセンチュウ | 土壌表面に散布し混和 |
| ネマヒトン<br>(糸状菌：線虫捕捉) | Monacrosporium phymatophagum | サツマイモ：ネコブセンチュウ | 土壌混和 |
| 〔殺虫剤〕 | | | |
| バイオリサ・カミキリ<br>(糸状菌：昆虫寄生) | Beauveria brongniartii | キボシカミキリ、ゴマダラカミキリ | 樹幹に懸架 |
| プリファード水和剤<br>(糸状菌：昆虫寄生) | Paecilomyces fumosoroseus | トマト:オンシツコナジラミ、シルバーリーフコナジラミ | 水に希釈後葉面散布 |
| バータレック水和剤<br>(糸状菌：昆虫寄生) | Verticillium lecanii | キュウリ：ワタアブラムシ、ナス・ピーマン：アブラムシ類 | 水に希釈後葉面散布 |
| 〔除草剤〕 | | | |
| キャンペリコ<br>(細菌：植物病原) | Xanthomonas campestris pv. poae | 芝：スズメノカタビラ | 水に希釈後地上部散布 |

4-3 生物農薬

**表 4-7** 日本で登録された BT 剤

| 商 品 名 | 登 録 会 社 | 主な適用病害虫 |
|---|---|---|
| ガードジェット水和剤 | クボタ他 | アブラナ科野菜：アオムシ，コナガ，タマナギンウワバオオタバコガ，果樹・茶：ハマキムシ類，花木：アメリカシロヒトリ，ドクガ |
| ターフル水和剤 | クボタバイオテック | サクラなど：アメリカシロヒトリなど，芝：シバツトガ，スジキリヨトウなど |
| トアロー CT 水和剤 | 東亜合成化学 | アブラナ科野菜：アオムシ，コナガ，ヨトウムシ |
| レピタームフロアブル | クボタ他 | ピーマン，ナス，トマト，イチゴ，シソ，キク：ハスモンヨトウ |
| エスマルク顆粒水和剤 | 住友化学 | アブラナ科野菜：アオムシ，コナガ，ヨトウムシ，オオタバコガ，茶：ハマキムシ類 |
| クォークフロアブル | トーメン | アブラナ科野菜：アオムシ，コナガ，ヨトウムシ |
| セレクトジン水和剤 | 協和発酵 | アブラナ科野菜：アオムシ，コナガ，タマナギンウワバヨトウムシなど，果樹・茶：ハマキムシ，花木：チャドクガ，芝：シバツトガ |
| ゼンターリ顆粒水和剤 | トーメン他 | アブラナ科野菜：アオムシ，コナガ，タマナギンウワバヨトウムシなど，茶：ハマキムシ類，芝：スジキリヨトウなど |
| ダイポール水和剤 | 住友化学 | アブラナ科野菜：アオムシ，コナガ，タマナギンウワバヨトウムシ |
| チューリサイド水和剤 | SDSバイオテック | 果樹・茶：ハマキムシ，花木：チャドクガ，芝：シバツトガ |
| デルフィン顆粒水和剤 | SDSバイオテック | アブラナ科野菜：アオムシ，コナガ，シロイチモンジヨトウ，ハスモンヨトウ，茶：ハマキムシ類，芝：シバツトガなど |
| バイオッシュフロアブル | 日産化学 | アブラナ科野菜：コナガ，アオムシ |
| バシレックス水和剤 | 塩野義製薬 | アブラナ科野菜：アオムシ，コナガ，タマナギンウワバヨトウムシ，果樹・茶：ハマキムシ類，花木：チャドクガ，芝：シバツトガ |
| ファイブスター顆粒水和剤 | アグロカネショウ | リンゴ：ハマキムシ類 |

上段：死菌製剤，下段：生菌製剤

でに農薬として製品化されているものの，日本では各地の農業試験場が中心になってトマトCMVやピーマンTMVなどの弱毒ウイルスが現場に配布され，トマト，キュウリやカンキツ類などのモザイク病を主体に活用の輪が拡がりつつあります。

弱毒ウイルスとは植物ウイルスのうち，突然変異によって生じた病原性の低い変異株をいいます。弱毒ウイルスをあらかじめ植物に接種しておくと，後から感染した病原性をもつ同種の野性株ウイルスの増殖を妨げることによりウイルス病を予防することができます。

モザイク病はクワ輪紋ウイルス（球状）による病気で，このウイルスはクワナガハリセンチュウによって伝搬されます。葉の病徴は，円形ないし不規則な退緑色の斑点や輪紋，葉の裏側にひだ状の異常突起を生じ，でこぼこのあるモザイク症状が現れるものです。

## （3）天　敵

天敵には昆虫と線虫があります。天敵昆虫は捕食者と寄生者に分けられます。捕食者とは，テントウムシ，クサカゲロウ，ハナカメムシやカブリダニなどでエサとなる動物を探して食べるものです。一方，寄生者とは，ハチやハエなどの成虫が寄生の昆虫に産卵し，幼虫が寄生の体をエサにして発育し，最終的には殺してしまうものです。これらの天敵昆虫の研究はオランダがもっとも進んでおり，オランダから世界各国に輸出されています。

我が国ではトマトやキュウリなどの施設栽培を中心に実用化されており，例えば，オンシツツヤコバチはトマトの葉や果実を黒く汚すオンシツコナジラミやタバココナジラミの防除に使用されています。残念ながら，果樹に適用される天敵はまだ実用化されていないものの，ハダニ類にカブリダニ，アブラムシ類にテント

ウムシ，クワコナカイガラにクワコナカイガラヤドリバチなどの適用の可能性が高まりつつあります。

ナスやキュウリの大型ハウス栽培では大量のバンカープラントを植え，天敵昆虫を上手に使った防除体系を実現している事例もあり，購入した天敵だけではなく，天敵とエサの昆虫，植物を地元で探索して増殖させています。バンカープラントとして野草のヨモギやヒメオドリコソウなどを選び，草むら状のバンカーや移動可能なボックス型バンカーを設置し，チリカブリダニ，ククメリスカブリダニやツヤコバチなどの天敵を上手に活用して防除しています。特にボックス型バンカーは被害が出た箇所に移動してスポット的に防除することもでき，新しい天敵の活用方法として大いに期待されます。

バンカープラントとは，天敵のエサ確保を目的に栽培する植物で，ヨモギ，オドリコソウやソラマメなどがあります。エサの昆虫には栽培作物に害を与えないものを選ぶことが必要です。

天敵として利用される線虫は昆虫寄生性のもので体長1 mm以下です。天敵線虫は宿主の体内で増殖するが，ある段階の幼虫が宿主の体外に飛び出し，地表や地中にいる害虫の幼虫を探して侵入し殺してしまうものです。

日本で登録されている製品の一覧表を示します（表4-8）。天敵農薬の使用場面を増やすためには，大量増殖のコスト低減による経費削減，化学的防除との調和，緩慢でかつ完璧ではない薬効に対する認識などを挙げることができます。

## （4） IPM

総合的有害生物管理（IPM : Integrated Pest Management）は，FAOによるとあらゆる適切な防除手段を相互に矛盾しない形で使用し，経済的許容水準以下に有害生物個体群を減少させ，

表 4-8 日本で生物農薬として登録された天敵

| 商 品 名 | 有 効 成 分 | 主な適用病害虫 | 使 用 法 |
| --- | --- | --- | --- |
| (捕食性昆虫) | | | |
| アフィデント | ショクガタマバエ | アブラムシ類 | 株元の地表面に放飼 |
| オリスタースリーボール | ナミヒメハナカメムシ | ミカンキイロアザミウマ, ミナミキイロアザミウマ | 株元の地表面に放飼 |
| スパイデックス カブリダニ PP | チリカブリダニ | ハダニ類 | 葉上に散布 |
| ククメリス | ククメリスカブリダニ | ミカンキイロアザミウマ, ミナミキイロアザミウマ | 株元・葉上に散布 |
| オリスター A | タイリクヒメハナカメムシ | ミナミキイロアザミウマ, ミカンキイロアザミウマ, ヒラズハナアザミウマ | 放飼 |
| カゲタロウ | ヤマトクサカゲロウ | ワタアブラムシ, アブラムシ類 | 放飼 |
| (寄生性昆虫) | | | |
| マイネックス | イサエアヒメコバチ, ハモグリコマユバチ | マメハモグリバエ | 株元に静置 |
| コマユバチ DS | ハモグリコマユバチ | マメハモグリバエ | 株元に静置 |
| ヒメコバチ DI | イサエアヒメコバチ | マメハモグリバエ | 株元に静置 |
| エンストリップ ツヤコバチ EF | オンシツツヤコバチ(寄生蛹) | オンシツコナジラミ | 枝に吊りさげて静置 |
| アフィパール | コレマンアブラバチ(寄生蛹) | アブラムシ類 | 株元に静置 |
| アブラバチ AC | コレマンアブラバチ(寄生蛹, 成虫) | ワタアブラムシ | 株元に静置 |
| (寄生性線虫) | | | |
| バイオセーフ | *Steinernema carpocapsae* | シバオサゾウムシ幼虫 | 水に希釈後に土壌散布 |
| 芝市ネマ | *Steinernema kushidai* | コガネムシ類幼虫, シバオサゾウムシ幼虫 | 水に希釈後に土壌散布 |
| バイオトピア | *Steinernema glaseri* | コガネムシ類幼虫 | 水に希釈後に土壌散布 |

## 4-3 生物農薬

かつその低いレベルを維持するための個体群管理システムと定義されています。その後，この定義に加え，病害虫や雑草などの有害生物の発生は被害発生を意味するのではなく，防除が必要とされる時にまず農薬以外の防除手段を検討し，農薬使用はIPMにおける最後の手段で，農薬がヒトの健康，環境，農業システムや経済の持続性に与える影響を十分に考慮すべきであるとの内容が付け加えられています。このようにIPMにおいて，農薬は否定されるものではなく，防除手段の中で有効に組み合わせることの重要性を示しています。

環境保全型農業とIPMの関係について説明をします（図4-9）。環境保全型農業は環境保全を図り，持続的に農業生産を進めるもので，世界各国で経済的に持続できる農業生産を行いながら，環境負荷をかけないで農村社会を持続させていこうとする総合的農業システムあるいは持続可能型農業と共通するものです。この中に位置する総合作物管理（ICM：Integrated Crop Management）は，地域の土壌，気象や経済的に適した作物を，環境負荷が少なく，かつ長期的計画のもとで栽培管理する方法であり，作物栽培においてIPMはICMの中の重要な項目です。

近年，IPMに対応できる天敵や微生物を主体とする生物農薬や環境負荷の少ない植物の抵抗性誘導を増強させる農薬登録が行

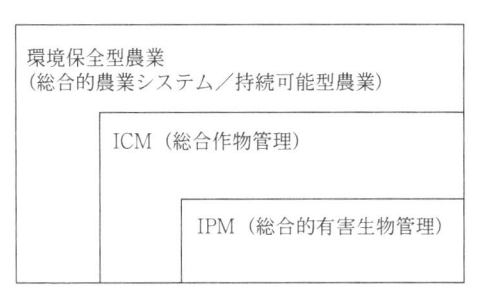

図 4-9 環境保全型農業とIPMの関係

われており，IPM に向けて素材が次々と開発されつつあります。現場で具体的に普及しつつある事例として，イチゴ栽培におけるネット・黄色蛍光灯・粘着テープの組み合わせがあり，生物農薬と物理的手法や選択的薬剤との組み合わせにより，実用化されつつあります。これらの各種素材を組み合わせた総合的なシステムとして成り立つことが必要になるが，土壌，気象や作物栽培体系など極めて多様性に富んでいる中で，これらさまざまな条件に適合できる IPM のシステムを構築することは容易なことではありません。そのためには，IPM システム情報のデータベース化とその利用法の開発が求められます。

## 4-4　フェロモンと昆虫成長制御剤

### （1）フェロモン

　生物由来の物質として防除に利用されているものにフェロモンがあります。フェロモンとは，生体が生産する生体情報物質の中で，同種の個体間のコミュニケーションの機能を果たすものの総称です。一般に種特異性が高く，ごく微量で作用します。

　触発される行動の種類により，性フェロモン，集合フェロモン，警報フェロモン，道標（みちしるべ）フェロモンと分散フェロモンの5つに分類されます。

　性フェロモンは，広範囲の昆虫やダニ類などに見られ，メスまたはオスの成虫が分泌し配偶行動を誘導します。典型的なものとして，ガ類で見られる性誘引フェロモンと，多くの昆虫では誘引性をもたない接触刺激性フェロモンが知られています。集合フェロモンは，雌雄ともに誘引・定着させ，コロニーの形成，維持の機能をもちます。キクイムシ類やゴキブリ類などに見られます。警報フェロモンは，コロニーを形成する昆虫やダニ類に見られ，

拡散速度がはやく，素早い逃避や攻撃を引き起こします。道標フェロモンは，跡づけフェロモンとも呼ばれ，同様にコロニーを形成する昆虫に見られ，歩行経路に付着して摂食や採餌のための集団での移動を引き起こします。分散フェロモンは，資源分割フェロモンとも呼ばれ，過密を抑制する機能をもち，多くは産卵時に分泌されて同じ場所への産卵を抑制し，ミバエ類やモンシロチョウなどで知られています。

　農薬として製品化されているものに，ガ類の性フェロモンとキクイムシ類の集合フェロモンがあります。その実用例として，ハスモンヨトウのオスを誘殺するためにメスの性フェロモンをトラップ（わな）に入れ，オスを集めトラップが一杯になるとトラップごと処分してしまいます。別の実用例として，コナガの交尾阻害のため，防除の対象となる畑の周りの大気中にメスの性フェロモンを充満させ，オスをかく乱し本物のメスにたどり着けないようにしています。

　今後は警報フェロモンや分散フェロモンなどの防除への応用を含め，より洗練された手法を開発してIPMに組み込む方向が期待されます。


### （2）　昆虫成長制御剤

　昆虫の卵，幼虫，蛹，成虫の各成育段階において，幼若ホルモンと脱皮ホルモンの2種が微妙なバランスによって調節されています。フェロモンが個体間で作用するのに対し，ホルモンは個体内でごく微量にて生理作用を示すものです。これらのホルモンの研究はカイコから始まっています。

　昆虫に特有な脱皮や変態などを妨げて殺虫効果を発現するものを昆虫成長制御剤（IGR：Insect Growth Regulator）と称します。昆虫に特有な生合成系を利用して選択性を発揮するので，哺

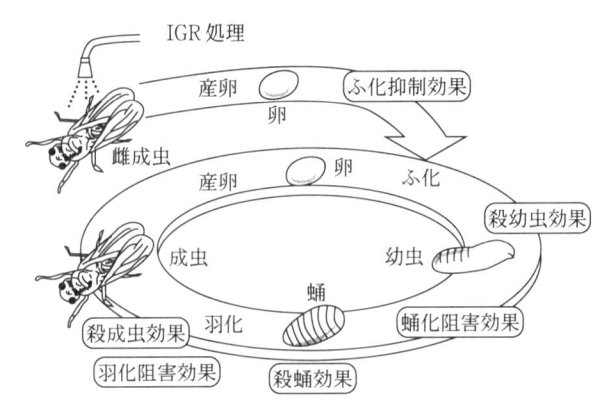

図 4-10 昆虫成長制御剤（IGR）の作用特性

乳類への影響はほとんどありません。ホルモン機能をかく乱する作用をもつ殺虫剤として，ピリプロキシフェン剤（ラノー），ブプロフェジン剤（アプロード）やシロマジン剤（トリガード）などがあります。

　昆虫の表皮は，脊椎動物にないキチン質やタンパク質を主成分としています。このキチン質の合成を阻害する作用をもつ殺虫剤の第1号がジフルベンズロン剤（デミリン）です。このタイプの作用特性（図4-10）は，ふ化抑制，殺幼虫，蛹化阻害，殺蛹，羽化阻害と殺成虫の6つの効果が係わり，各薬剤によりどの作用が特に強いのかは異なります。キチン合成阻害作用をもつIGRとして，ジフルベンズロン剤以外にクロルフルアズロン剤（アタブロン），フルフェノクスロン剤（カスケード）やヘキサフルムロン剤（コンセルト）などがあります。

　最近，野菜の施設栽培においてコナジラミ対策としてテープ製剤が急速に普及しています。このテープ製剤は黄色の誘引効果とふ化阻害活性をもつピリプロキシフェン剤などのIGRを組み合わせたもので，施設内にこの黄色のテープを吊るしてコナジラミ

類を防除します。アザミウマ類に対して青色に誘引効果が知られており，同様なテープ製剤の商品化が期待されます。

　このように，昆虫特有のホルモン機能をかく乱する剤やキチン合成阻害剤などのIGRを農薬として応用することは，高い選択性により，人畜や環境に影響の少ないばかりでなく天敵類にも悪影響が少ないことから，IPMに適合した薬剤として大いに期待されます。

# 第5章 新規アグロケミカルの開発動向

## 5-1 新農薬の開発動向

### (1) 新農薬の開発方法

すでに第4章で述べた環境保全型農業に貢献するアグロケミカルの中で，化学農薬だけでなく生物農薬についても新しい動向について触れたが，ここでは新しい化学農薬を開発する方法について考えてみましょう。

理想的な新農薬を開発するに当たり，ランダムスクリーニング法，模倣法と理論的なデザイン法の3つが挙げられます。最初のランダムスクリーニング法は，従来から用いられている方法で，数万個の合成された化学物質からスクリーニングするものです。莫大なコストと多大な時間を要します。次の模倣法は，すでに上市された製品や他社の特許から類似した化学物質を合成するもので，前者よりも効率はよいが画期的な製品を開発するのは一般的に難しいものです。最後の理論的なデザイン法は，標的となる病害虫や雑草などの生化学的，生理的な現象などを解析してバイオアッセイを確立し，スクリーニングする方法で，多大な時間を要するが画期的な農薬が開発される可能性があります。

バイオアッセイ（生物検定）とは，生物を用いて行う物質の定性的あるいは定量的な測定法のことです。抗生物質や植物ホルモ

ンのように極めて微量で生理作用を及ぼす物質の検定に適しています。

3つの方法の中では，最後のものがもっとも理想的であり，それを実現するためには，植物や昆虫に係わる基礎研究をしている生物系と化学系の融合により，新たなバイオアッセイが開発される可能性があります。例えば，植物ホルモンを主体として植物の生長調節を基礎的なレベルで探究している植物化学調節学会の研究成果により，新たな植物ホルモンの発見や農作物への応用のみならず，新たな除草剤開発のバイオアッセイの提案も大いに期待できます。

植物化学調節学会は，植物化学調節に関する科学ならびに技術の発展に貢献することを目的として1966年に設立されました。この目的達成のため，本学会は基礎から応用までの研究者と技術者相互の緊密な連係を確立することに努力しています。

### （2） 新農薬の求められる条件

新農薬が具備すべき条件として次の8つが挙げられます。
・目的とする生物効果があり，かつ少量で効く
・高等動物に毒性が低い
・標的とする有害生物に対する選択性が高い
・環境への影響が少ない
・残効性と残留性が適当である
・薬剤抵抗性がつかない
・安価である
・散布しやすい製剤である

従来は農薬の有効成分の開発が主体に進められてきたが，剤型の選択を間違えると上記の条件に問題が生じることがあります。例えば，粉剤で商品化すると大量のキャリアー（担体）を散布し

なければなりません。また，乳剤で商品化すると溶剤やボトルなどの問題が発生し，環境への負荷が大きくなる恐れがあります。どのような剤型で製品化するのかを十分に考えてスクリーニングすると，もっと簡単な化学構造を有する，安価な化学物質に生物活性を見出せる可能性を秘めています。剤型は，製品の包装・貯蔵・輸送などに係わることを考えると，剤型の選択がコストに直接的に関与してくることは明らかです。その際にアジュバントの活用により，薬効の増強やスペクトラム（作用範囲）の改善も期待できます。

キャリアー（担体）とは，固形製剤を製造する時に農薬の有効成分を付着あるいは吸着させるために用いる粉粒体をいいます。最近では固体希釈剤全般についてもいうことが多いようです。

散布しやすい製剤に関して，散布機の見直しが必要になります。特に少量散布に適したノズルの改良，圧力条件などが今後の課題として残されています。また別の散布機の活用例として，株元粒剤施用が野菜の移植時に推奨されており，複合作業による省力化，簡便な作業性，均一な施用などの利点が挙げられています。水稲については，稚苗時の箱施用で各種の農薬や肥料を同時に混和したり，省力・低コスト型の不耕起直播（ふこうきちょくはん）栽培技術が確立されつつあり，新しい栽培技術を十分に視野に入れて剤型を検討する必要があります。

## （3） 新規剤型

21世紀の究極の目標であるインテリジェント製剤は，まだこれからの研究課題であり，ここでは放出制御技術を活用した製剤であるマイクロカプセル（MC）を紹介しましょう。辻は，MCの利点として，①有効期間の長期化，②施用量の減少，③施用間隔の延長，④人畜に対する毒性や刺激性の軽減，⑤薬害の軽

減，⑥魚毒性の軽減，⑦環境分解の減少，⑧流亡，揮散による消失の減少，⑨耐雨性の向上，⑩環境汚染の減少，⑪他薬剤との反応性の減少，⑫液体薬剤の固型化，⑬ドリフトの防止，⑭標的対象数の増加，⑮施用面の違いによる薬効変動の減少，⑯取扱いの容易化などを挙げています。

ドリフトとは，散布された薬剤が上昇気流や風などによって目的地以外に浮遊，飛散する現象のことです。防除効率を高め，環境生態系への影響を低減するために剤型や施用法が開発されています。

MCは，有効成分をポリウレアやポリアミドなどのポリマーで包み込んだ，粒径が数 $\mu$m から数百 $\mu$m の微小な球体の製剤です。MC 外の有効成分濃度は非常に低く，従って MC 製剤の毒性と刺激性は著しく低下します。MC は一般に水で分散させた状

**表 5-1** メチルパラチオンの乳剤とマイクロカプセルのワタ害虫に対する効果比較

| 害虫 | 製剤 | 壁材架橋度 (%) | 処理量 (kg a.i./ha) | 処理後各経過日数における致死率 (%) ||||||||||||
|---|---|---|---|---|---|---|---|---|---|---|---|---|---|---|
| | | | | 0 | 2 | 3 | 4 | 5 | 7 | 10 | 11 | 13 | 16 | 20日 |
| ワタミムシ | マイクロカプセル | 0 | 1.12 | 100 | — | 96 | — | 76 | 25 | — | 0 | — | — | — |
| | | 10 | 1.12 | 100 | — | 100 | — | 96 | 60 | — | 24 | — | — | — |
| | | 25 | 1.12 | 100 | — | 100 | — | 100 | 100 | — | 72 | — | — | — |
| | | 50 | 1.12 | 100 | — | 100 | — | 100 | 84 | — | 56 | — | — | — |
| | 乳剤 | — | 1.12 | 94 | — | 60 | — | 16 | 4 | — | 0 | — | — | — |
| ワタミゾウムシ | マイクロカプセル | 25 | 0.28 | 100 | 100 | — | 97 | — | 97 | 75 | — | — | 46 | 33 |
| | | 25 | 0.11 | 100 | — | — | — | — | 74 | — | — | 33 | — | — |
| | 乳剤 | | 0.28 | 100 | 13 | — | — | — | 0 | 0 | — | 0 | 0 | 0 |
| | | | 0.11 | 100 | — | — | — | 6 | — | 0 | — | — | — | — |

壁材：ポリアミド／ポリウレア，架橋度：架橋材添加量（%）
出典：辻孝三，第 20 回農薬製剤・施用シンポジウム講演要旨，p.6 (2000)

態にして製剤化され，使用する際に水で希釈して散布します。また，光による分解や有効成分の消失が少なく持続性があることや放出がコントロールできることなどにより，環境負荷の少ない，とても安全性が改善されている製剤です。MCは施用量の低減と施用間隔の延長について期待できます。

具体的な事例を殺虫剤であるメチルパラチオンについて紹介します（表5-1）。対照の乳剤と比べると，MCは明らかに施用量が少なくて効果もよく，さらに残効性が長く，施用間隔を長くしてもよいことがわかります。

## 5-2 新規化学肥料の開発動向

### (1) 化学肥料とは

1999年に施行された新農業基本法（食料・農業・農村基本法）は，自然循環機能の維持増進を図るため，農薬及び肥料の適正な使用の確保，家畜排泄物などの有効利用による地力の維持増進などの推進を挙げています。これらの背景には，化学肥料や農薬の過度の使用や家畜糞堆肥の不適切な使用が環境に負荷を与えているという問題があります。

肥料の性能を窒素含量で比較すると，堆肥0.5％，油粕5％，化学肥料20％です。従って，10アールの農耕地に10kgの窒素を施肥（せひ）しようとすると，化学肥料なら50kgですみますが，油粕で200kg，堆肥では2000kgが必要になり，環境への負荷を考えると何がもっとも効率がよいか，誰でもわかります。ただし，有機質肥料のもつ土壌改良効果により，保肥力を向上させたり，土壌病害を軽減するなどの効果が期待できることは否めません。

本来，肥料は肥料取締法に基づき，次のように定義されていま

す。
① 植物の栄養に供するため土壌または植物に施されるもの
② 植物の栽培に資するため土壌に化学的変化をもたらすもの

肥料の出荷金額は，約4000億円で農薬より少し大きな市場規模であり，一般に普通肥料と特殊肥料に分類されます。無機質に対して有機質，多量要素に対して微量要素などの分類も適用されます。無機質系はいわゆる化学肥料と呼ばれており，農薬と共に問題視されています。しかしながら，植物体は，主として無機態で肥料成分を吸収することがすでに明らかにされています。

作物は16種の必須元素を生育のために必要としています。多量養分元素として炭素，酸素，水素，窒素，カリウム，マグネシウム，カルシウム，リン，イオウの9種があります。一方，微量養分元素として塩素，鉄，マンガン，ホウ素，亜鉛，銅，モリブデンの7種があります。このうち，炭素は乾物の約45％を占め，空気中の炭酸ガスが光合成により同化されたものです。酸素と水素は水の分解により取り込まれます。これ以外の元素は主に土壌に依存し，不足する元素は土壌に補給しなければなりません。もっとも不足する元素が窒素，リン，カリウムであり，次いでカルシウム，マグネシウムなどが不足します。これらの不足分を作物が必要とする時期に施用するのが施肥の基本であり，作物ごとに養分吸収のパターンを知ることがとても大切になります。

## （2） 新規化学肥料の開発

肥料による環境への負荷を軽減するには，肥効率を上げてむだな施肥を少なくすることです。化学肥料の多くは速効性肥料であり，硝化作用で生成する硝酸態窒素は降雨によって溶脱して地下水を汚染させたり，脱窒して大気中の窒素酸化物濃度を上昇させる恐れがあります。特に窒素の溶脱を防ぐには，土壌中の硝酸態

窒素の存在量を少なくしておく必要があります。このため，肥料を何回かに分けて施肥する方法がありますが，施肥に要する労力は大変なものになります。そこで，肥効調節型肥料が開発されてきました。

肥効調節型肥料は，その性質によって被覆肥料，緩効性窒素肥料，硝化抑制材入り肥料の3種に分けられます。肥効調節型肥料全般の特徴として，成分が徐々に効いてくるため，一度に多量施用しても濃度障害が起こらず，さらに土壌中の硝酸態窒素が少ないため，降雨による溶脱も防ぐことができます。3種の中でもっ

表 5-2　被覆肥料の分類と特徴

| 肥　料　名 | 特　　　徴 |
|---|---|
| 被覆窒素肥料 | 窒素質肥料の表面をオレフィン系樹脂などで被覆し，窒素供給の適切な調節を目的とした肥料である。窒素10％以上を含み，窒素は水溶性であること及び窒素の初期溶出率は50％以下である。 |
| 被覆リン酸肥料 | リン酸質肥料を硫黄その他の被覆原料で被覆したもの。リン酸の初期溶出率は50％以下である。 |
| 被覆カリ肥料 | カリ質肥料の表面をダイズ油とシクロペンタジエンの共重合物などで被覆し，カリ供給の適切な調節を目的とした肥料。水溶性カリ30％以上を含み，カリの初期溶出率は50％以下である。 |
| 被覆複合肥料 | 粒状複合肥料の表面をフェノール系またはオレフィン系樹脂，硫黄などで被覆し，土壌中における肥料成分の溶出速度を調節して肥効の持続，緩行化，肥料成分流亡の防止などを狙った肥料。窒素の初期溶出率は50％以下である。 |
| 被覆苦土肥料 | 苦土肥料を硫黄その他の被覆原料で被覆したもの。苦土の初期溶出率は50％以下である。 |

出典：農林水産省肥料機械課監修，ポケット肥料要覧―1999/2000―，農林統計協会より作成

(a) 対数型
(リニアタイプ)

(b) 初期抑制型
(シグモイドタイプ)

(c) シグモイド型
(シグモイドタイプ)

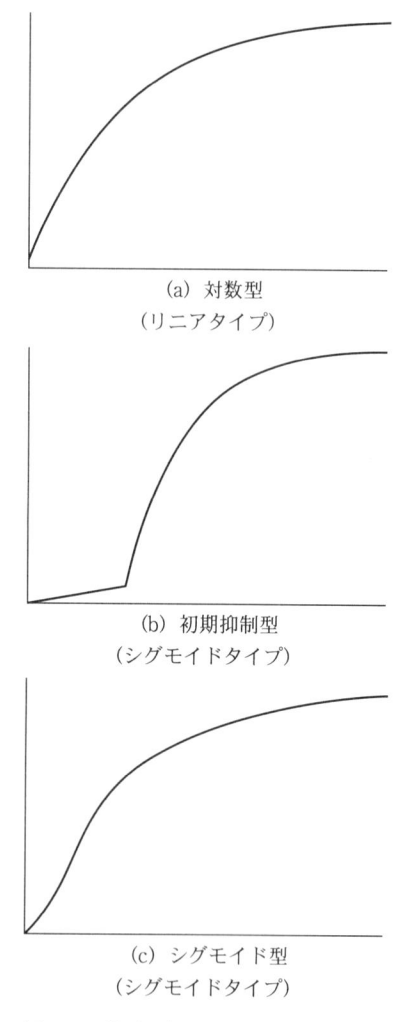

図 5-1 被覆肥料の溶出パターンの種類

とも普及している被覆肥料（別名：コーティング肥料）について説明します。

被覆肥料は，主に水稲を対象として商品化されていますが，園芸作物や緑化樹用などにも上市され，どの元素を被覆するのかによって5種に分類されます（表5-2）。被覆肥料は，肥料粒の表面を物理的にコーティングすることによって，水溶性の肥料成分の溶出を制御したものです。溶出パターンにより，対数型，初期抑制型，シグモイド型の3つに分類でき，この溶出パターンについてはリニアタイプ，シグモイドタイプと称される場合もあります（図5-1）。

被覆肥料の利用は作物の肥料要求にそって養分を供給することが可能であり，作物の生育パターンに応じて上手に利用すると，施肥量の削減や環境への負荷の軽減につながります。しかし，栽培期間中の温度と水分条件の変動により，期待した肥効が認めら

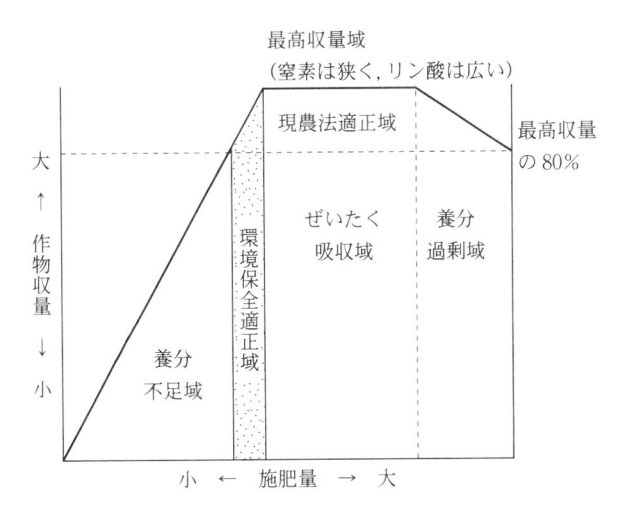

図 5-2 施肥量と収量の関係（出典：藤原俊六郎ら，土壌診断の方法と活用，農山漁村文化協会（1996））

れず，基準以上に追肥をしてしまうことがあります。これを防ぐために定期的に養分のリアルタイム診断と土壌診断を行い，灌水・施肥量を調節する方法が確立されつつあります。

多くの圃場では収量を上げるため，最高収量域のレベルまで過剰な施肥が行われています（図5-2）。80～100％までの収量が得られる領域を環境保全適正域と称し，環境保全型農業ではこの領域に入る施肥設計を行うことを基本としなければなりません。各種作物やさまざまな土壌に対応した，被覆肥料や局所施肥などの施肥効率を高める技術の確立が求められています。

## 5-3 土壌改良材

### （1） 土壌と土壌改良

土壌と岩石とは異なります。岩石は，長い年月の間に地表で太陽や風雨にさらされて次第に細かい粒子になります。このような細かい粒子の集合物を土と呼ぶこともあります。しかし，植物体を育てている土とは少し異なります。植物体を育てている土の中には，動植物や微生物，それらの遺体や排泄物などの有機物が入っています。このような土を土壌と呼びます。

近年，同じ畑に同じ作物を栽培する連作による障害が特に施設栽培で問題になっています。このような連作障害は，高い技術水準のもとに生ずる文明病とも考えられます。連作障害は，主として酸素を必要とする微生物（カビ）と線虫による直接の被害や作物残渣から分泌される化学物質などによって起こります。同じ作物を連作すると，直ちに根に病原菌や寄生性線虫などが侵入して増殖するため，ひどい被害になるのが連作障害の常です。これに加えて連作のたびに肥料を過剰投与することにより，肥料成分が土壌中に多量に残存し，土壌の酸性化や塩類集積，過剰に蓄積し

たカリウムの妨害などによる作物のマグネシウム欠乏が生じています。

　土壌もヒトと同じように，健康状態を調べて健全な状態を保つようにする方法として土壌診断があります。土壌診断には，2つの側面があります。ひとつは，土壌の状態が悪化しないように定期的に調べてそのデータをベースにして土壌を管理するものです。もうひとつは，農作物が生育障害を起こした時にその原因を調べるものです。土壌の状態を調べるには，化学分析が有効で，酸性度，電気伝導度や肥料濃度（窒素・リン酸・カリウム・微量元素など）などがあります。化学分析だけで土壌の健康診断が終わるわけではなく，最終的には土壌物性も含めて実際の土壌や作物を見て総合的な判断をくだすべきです。

　植物体の70％以上は水であることから，水は植物の生育に不可欠であり，植物は根を通して土壌に含まれる水を吸収し利用しています。一方，植物の根は呼吸をしているため，空気も不可欠です。この水と空気のバランスが植物の生育にとても大切です。水や空気は土壌の中の空隙に存在していますが，すべての空隙が水で満たされると気相部（空気）がなくなり，根は腐ってしまいます。空隙を確保するためには，団粒構造が重要な役割を果たします。肥沃な土壌とは，根が健全に生育できるような環境を維持して植物が必要な量の養分と水を供給できる能力をもったものといえ，世界の不良環境条件下の土壌で土壌改良材の活用が期待されます。

## （2）土壌改良材の開発事例

　土壌改良材は，無機質，有機質，合成高分子系の3種に大別されます（表5-3）。その機能には，保水力や保肥力の増大，通気性や透水性の向上，団粒化の促進などがあります。土壌の物理

表 5-3 土壌改良材の分類及び用途

| 分類 | 原料または主成分 | 用途 |
|---|---|---|
| 無機質系 | ベントナイト<br>ゼオライト<br>バーミキュライト<br>パーライト | 保水力，保肥力の増大<br>保水力，保肥力の増大，透水性の保持<br>通気性，透水性の改良<br>通気性，保水性の改良 |
| 有機質系 | 泥炭<br>若年炭<br>木材<br>セルロース，動植物粕 | 土壌の保水力，保肥力の増大，酸性土壌及び火山灰土壌中のアルミニウムの活性の抑止とリン酸の固定防止，易耕性の向上，栄養源 |
| 合成高分子系 | ポリビニルアルコール<br>ポリアクリル酸塩<br>メラミン系合成樹脂<br>カチオン合成高分子 | 団粒化促進，通気性，透水性の向上 |

的，化学的，物理化学的な性質を改良する目的で施用され，農業生産において多大な寄与をしています。その中で合成高分子系土壌改良材は，土壌粒子同士を結合するノリの役割を果たして土壌構造を単粒から団粒状態に変えたり，土壌の通気性や透水性をよくする効果はあったものの，保水力や保肥力を向上させるものは見当たりませんでした。筆者らは，紙オムツや女性用生理用品の吸収体として利用されていた高吸水性高分子物質（吸水ポリマー）を保水剤としてこの分野へ応用することを試みたので紹介します。

吸水ポリマーは，イオン交換水で自重の数百倍以上の水を吸収する能力があります。原料ベースによりデンプン系，セルロース系と合成ポリマー系の3つに分類することができます。大半の製品は合成ポリマー系で，原料はポリアクリル酸ナトリウムが主体です。性能のみならず，コストと安全性から選定されています。各社がこのタイプのものを商品化しています。

## 5-3 土壌改良材

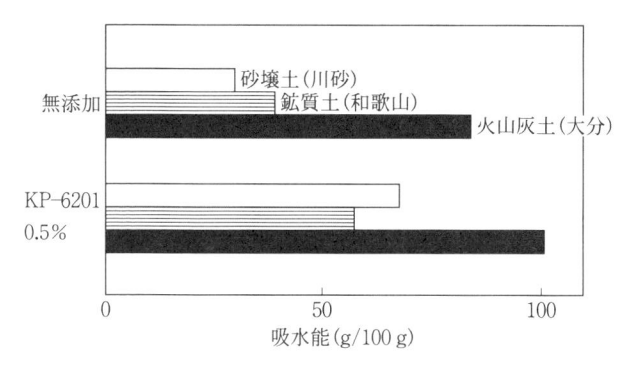

図 5-3 吸水ポリマー混和による各種土壌の保水能の向上。KP-6201：吸水ポリマー（出典：川島和夫，農業および園芸，665, 59 (5) (1984)）

まずは3種の土壌について吸水ポリマーを混和して保水性を調べました（図5-3）。その結果，砂壌土では著しく保水性が向上するのに対し，もともと最大容水量の大きな火山灰土では保水性の向上はわずかでした。鉱質土は両者の中間でした。このような傾向を示した原因は，吸水ポリマーが塩類の影響を受けて吸水能が低下するためです。

植物にとって土壌水分と共に土壌空隙量が大きな影響を与えます。そこで吸水ポリマーを混和した土壌における固相，液相，気相の3相分布の経時変化が検討されました（図5-4）。無混和区の経時変化は著しく，7日目では液相が約7％となり石コロ状となったのに対し，吸水ポリマー混和区は混和量が多いほど，変化がゆるやかでした。吸水ポリマーが吸水膨潤して団粒化したため，各粒子間の間隙が大きくなり気相が増大しました。従って，吸水ポリマーを混和した土壌は，気相を閉鎖することなく水分が保持されており，植物の生育に適する団粒構造を保持することが明らかになりました。

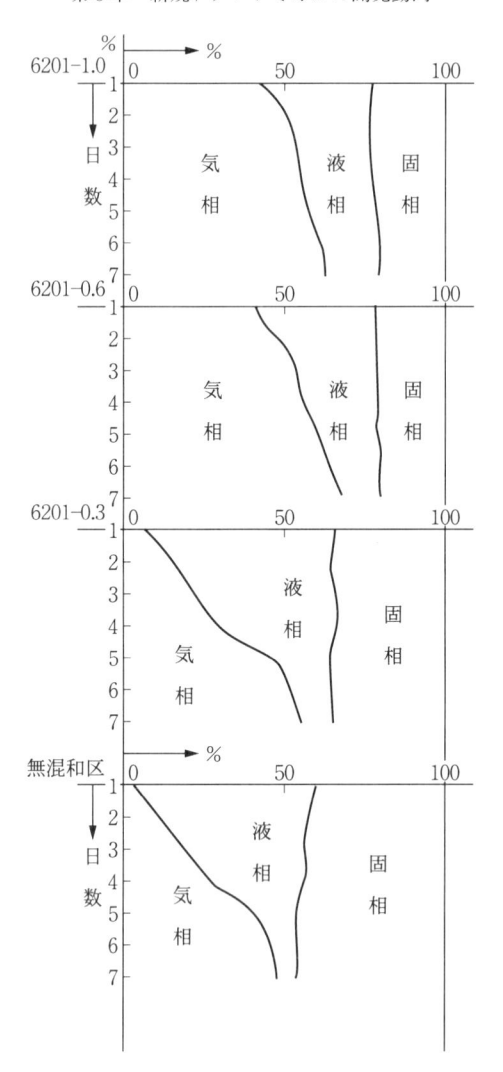

**図 5-4** 吸水ポリマー混和土壌の3相分布の経時変化。供試土壌：水田土壌（海成沖積層土壌），試験場所：中国農試。KP-6201：吸水ポリマー

吸水ポリマーは砂漠緑化への応用も試みられ、その保水効果や節水栽培に有効であることがエジプトやメキシコなどで実証されているものの、その用途は育苗用シート、種子コーティングや張り芝などに限定されています。この緑化分野でさらに用途を拡げるためには、耐塩性、生分解性、作業性やコストなどの課題が残されています。

## 5-4 植物活力剤

### (1) カルシウムの役割

肥料や土壌改良材の施用により土壌の養分環境が変化し、病害の発生に影響を及ぼすことが報告されています（表5-4）。特に石灰資材施用が多くの病害の発生に影響を及ぼし、全般的に病害発生を抑制する傾向のあることが知られています。山崎は、その場合に3つの作用機構があると指摘しています。

① 施用された養分が直接、病原菌に作用し、その密度や活性などに影響を与える

表 5-4 肥料が作物の病害に及ぼす影響

| 病名（病原菌名） | 施 用 養 分 | | | | | | |
|---|---|---|---|---|---|---|---|
| | N | $NH_4$-N | $NO_3$-N | P | K | Ca | Mg |
| トマト萎ちょう病<br>(*Fusarium oxysporum f. lycopersici*) | 軽減 | 助長 | 軽減 | 軽減/<br>助長* | 軽減/<br>助長* | 軽減 | —** |
| キャベツ根こぶ病<br>(*Plasmodiophora brassicae*) | 軽減 | — | 軽減 | 助長 | 助長 | 軽減 | 軽減 |
| 各種作物の苗立枯病<br>(*Rhizoctonia solani*) | 軽減 | — | — | 軽減 | — | 軽減 | — |

\* は研究例によって異なる、\*\* は記載なし
出典：山崎浩道, 農業および園芸, 70 (9), 61 (1995)

② 施用により生ずる土壌pHや化学物性の変化などの2次的な要因が作用する
③ 作物の養分吸収による栄養条件の変化が病害抵抗性を変化させる

　カルシウムは，細胞間の物理的な強度の形成・維持・強化，病原菌の細胞壁分解酵素活性の阻害やエチレン生成の関与などの作用性に基づき，発病抑制を発現させるものと推察されています。また，根の生長促進，各種酵素の構成や植物体内の過剰な有機酸の中和にも作用しています。さらにカルシウムは，施用により土壌pHを調節し，間接的にリン酸その他の養分吸収を助けると共に炭水化物の転流にも関係すると考えられています。

　一般に病害抵抗性にはファイトアレキシンの抗菌性物質の生成や過敏感反応などが重要な役割を果たし，細胞質内のカルシウムイオンが病害感染時の情報伝達に関与することが示唆されています。多くの場合にはまだ抵抗性の機構が明らかにされておらず，組織・個体レベルでのカルシウムと宿主植物，病原菌との相互作用については今後の重要な研究テーマのひとつです。

　ファイトアレキシンとは，病原菌の微生物に対し，植物組織が生成する低分子量の防除物質をいいます。宿主特異性はあるが，病原体特異性はありません。

### （2） カルシウム剤の開発事例

　カルシウムは土壌施用により不溶性塩を形成しやすく，吸収の点で難吸収成分に分類され，各種作物についてカルシウム欠乏症による生理障害が報告されています（表5-5）。花王ではアジュバント技術を活用したカルシウム剤（パフォームCa）を上市しています。その活用事例と作用特性について紹介します。

　トマトやメロンなどの果菜類では各種の生理障害が発生し，そ

**表 5-5** カルシウム欠乏症による代表的な生理障害

| 作 物 | 生 理 障 害 |
|---|---|
| 果菜類 | |
| 　トマト | 尻腐れ果，窓あき果，チャック果 |
| 　イチゴ | チップバーン，軟化果 |
| 　メロン | 醗酵果，変形果 |
| 葉菜類 | |
| 　ハクサイ | |
| 　レタス | 芯腐れ，葉縁腐れ，葉先枯れ |
| 　キャベツ | |
| 　シュンギク | |
| 果樹 | |
| 　リンゴ | ビターピット，コルク化 |
| 　カンキツ | 浮き皮 |
| 　ナシ | ミツ症 |
| 花き類 | |
| 　トルコキキョウ | 葉先枯れ |
| 　キク | 葉先枯れ |
| 　ユリ | 葉焼け症 |

の一因としてカルシウム欠乏が指摘されています。カルシウムの果実への吸収が熊本県農業研究センターで検討されました（図5-5）。週2回の合計8回の茎葉処理がメロンに実施され，パフォームCaは市販品と比較しても高いカルシウム量が認められ，無処理区に対して約2倍もの吸収量を示しました。

$^{45}$Ca（カルシウム45）でラベル化したカルシウムを用いてトマト苗にて浸透移行試験が行われました（図5-6）。アジュバントの添加有無による$^{45}$Caの取り込み動態をオートラジオグラフで調べた結果，処理後36時間後に葉柄基部から葉面への移行について$^{45}$Ca（黒い部分）が葉全体に広がっており，カルシウムの浸透移行がアジュバント加用によって促進されることが明らか

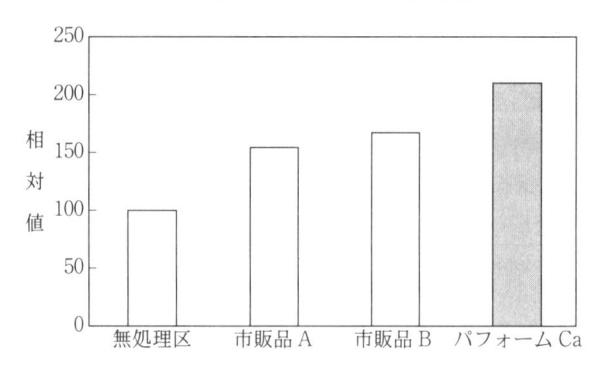

第5章　新規アグロケミカルの開発動向

**図 5-5**　メロンのカルシウム含量へ及ぼす各種カルシウム剤の効果試験。品種：アールスセンヌ秋冬I，定植：1996年9月2日，散布：週2回計8回 650 ml/株，試験機関：熊本県農業研究センター，調査：1996年10月7日，処理濃度：CaO 0.1% 溶液

(a) 測定葉面全体（写真）

カルシウム単独　　カルシウム＋アジュバント
(b) オートラジオグラフ像

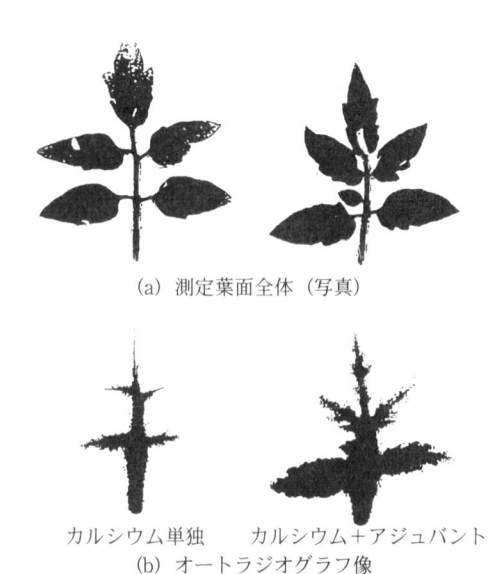

**図 5-6**　トマトでの $^{45}Ca$ の取り込み効果（オートラジオグラフ）

になりました。

パフォームCaを使用することにより，カルシウムを効率的に取り込ませて生理障害を回避するだけでなく，生育促進や耐病性を付与することも期待されます。ただし，現場では農薬と混用して使用することになるが，安易な混用や高温時の散布などによる薬害発生や凝集には十分な注意が必要になります。

市販されているカルシウム剤は，無機系のものから有機酸塩まで多種多様です（表5-6）。今後はさらにその使い方の検討が進み，植物体を健康にする技術の確立により，環境保全型農業に貢

表 5-6　市販されている代表的なカルシウム剤

| 商品名 | 製造元 | 成分及び水溶性含量 | 外観 | 特長 |
|---|---|---|---|---|
| パフォームCa | 花王 | 酸化カルシウム 10.5% | 液体 | アジュバント，キレート配合 |
| アグリメイト | 日本曹達 | カルシウム 9% | 液体 | 有機酸，糖配合 |
| カルキト | 備北粉化工業 | 炭酸カルシウム | 粉体 | カキ殻 |
| カルハード | 大塚化学 | 酸化カルシウム 11% | 液体 | 植物抽出物，糖類配合，キレート配合 |
| カルプラス | 大塚化学 | 酸化カルシウム 11% | 液体 | ホウ素，糖類配合，植物抽出物 |
| カルチオン | 扶桑化学 | カルシウム 8% | 液体 | キレート配合 |
| カルパワー | 村樫石灰工業 | カルシウム 4% | 液体 | ― |
| クレフノン | 白石カルシウム | 炭酸カルシウム | 粉体 | 農薬（植調剤） |
| セルバイン | 白石カルシウム | クエン酸カルシウム，塩化カルシウム，硫酸カルシウム 25% | 粉体 | 農薬（植調剤） |
| ストピット | 白石カルシウム | 塩化カルシウム，炭酸カルシウム 4% | 粉体 | ― |
| スイカル | 晃栄化学工業 | ギ酸カルシウム 30% | 粉体 | 有機酸タイプ |
| ネオカル | 陸化学 | 硫酸カルシウム 22% | 粉体 | ― |

各社のパンフレットから作成

献する資材のひとつになることが期待されます。

### (3) 植物活力剤

天然の抽出物や特殊な物質が配合された各種の植物活力剤（または植物活性剤）が商品化されています（表5-7）。それらの効能は，発根促進，生育促進，光合成能アップや品質向上などの共通したものが挙げられています。しかし，学問的に実証されることはあまりなく，現場での効果実証や土壌診断などに基づいて販売されています。

表5-7 市販されている代表的な植物活力剤

| 商品名 | 製造元(販売) | 成分 | 外観 | 特長 |
|---|---|---|---|---|
| パフォームソイル | 花王 | 植物油，アジュバント | 粉体 | 光合成アップ，発根促進 |
| スノーグローエース | 雪印種苗 | シイタケ菌抽出物 | 液体 | 生育促進 |
| ルートゲイン | エーザイ生科研 | 共生フザリウム | 粉体 | 活着・発根促進 |
| チャンス | エーザイ生科研 | 有機酸 | 液体 | 発根・生育促進 |
| T-1 | 南産業 | 有機酸 | 液体 | 発根促進 |
| グローンS | アビオン | 有機酸，アミノ酸 | 液体 | 生育促進，樹勢強化 |
| ケルパック | ロイヤルインダストリィ | 海藻エキス | 液体 | 植物ホルモン作用 |
| PBパワー | 神協産業 | 海藻エキス | 液体 | 発根，生育促進 |
| MPB | 三井物産 | 海藻エキス | 液体 | 生育促進，耐病向上 |
| 緑源 | 緑源 | 漢方薬 | 液体 | 免疫，生育促進 |
| HB-101 | フローラ | 天然植物エキス | 液体 | 発根促進，収量アップ |
| バイオメジャー | バイオメジャー研究所 | 天然植物ホルモン | 液体 | 発根，光合成アップ |
| アグリボ3 | ビスタ | メチオニン，多糖類 | 粉体 | 光合成アップ |
| ハーモニーZ | 日本農業化学 | 非公開 | 粉体 | 発根，生育促進 |

各社のパンフレットから作成

## 5-4 植物活力剤

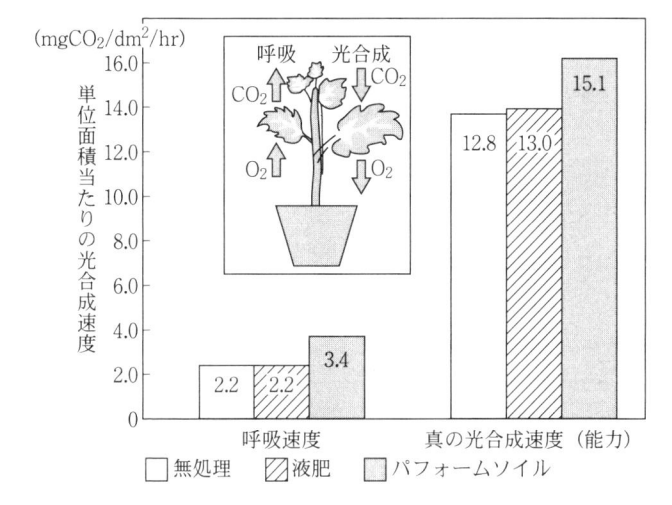

**図 5-7** トマトの光合成能に及ぼすパフォームソイルの影響

花王では，植物成分と界面活性剤の複合体（活力剤）について農林水産省や県の研究機関と共同して基礎研究を重ねています。まず肥料効率が水耕栽培にて調べられ，窒素，リン酸とカリウムの3種について約50％ほどの増大が認められました。さらにトマト苗を用いて光合成能が調べられた結果，約16％向上することが確認されました（図5-7）。また，水稲を用いて低温下での発根に及ぼす影響が調べられ，活力剤処理により発根が促進されることが観察されました。製品としては，活力剤にN-P-Kが6-2-5で配合されたパフォームソイルと姉妹品としてN-P-Kが2-13-9で配合されたパフォームソイルPが上市され，施設栽培のイチゴやトマトなどの果菜類を中心に普及が拡がりつつあります。

雪印種苗では，担子菌の培養菌体抽出物からなる天然素材SGA-1（スノーグローエース）を上市しています。葭田は，アンデスメロンに対するSGA-1の効果を調べ，果実の収量及び品質

表 5-8 SGA-1のメロンの収量と品質に及ぼす効果

| 処理区 | 果実重量(%) | 果径(cm) | | 高さ/横径×100 | 外観的品質 | 糖 含 量 (%) | | | |
|---|---|---|---|---|---|---|---|---|---|
| | | 高さ | 横径 | | | キシロース | フルクトース | グルコース | シュークロース |
| 対照(水) | 827.4±31.1[b] | 12.7 | 13.4 | 94.8 | 7.0 | trace | 1.78 | 1.48 | 5.13 |
| SGA-1 300倍 | 858.5±34.3[b] | 13.1 | 13.4 | 97.8 | 8.0 | 0.08 | 2.38 | 2.00 | 8.00 |
| SGA-1 50倍 | 958.1±17.1[ab] | 13.6 | 14.1 | 96.5 | 8.0 | trace | 1.95 | 1.68 | 5.90 |
| SGA-1 20倍 | 1017.5±39.5[a] | 14.1 | 14.6 | 96.6 | 9.0 | trace | 1.63 | 1.28 | 5.60 |

Duncanの新多重範囲検定（P=0.05）により，アルファベッドが同じ区間では有意差なし
SGA-1：スノーグローエース
出典：葭田隆治，富山県技術短期大学研究報告，24, p.81(1990)

（糖度）が向上することを観察しました（表5-8）。その作用性として，エチレン生成の抑制をあげ，果実の貯蔵性が高まると推察しています。この製品は，ジャガイモの塊茎を肥大させる効果が顕著に認められ，北海道を中心に使用されています。

植物活力剤は，遅霜，冷害や多降雨などの異常気象下での生育不良の回避と共に，収量増や品質向上などを狙って農家レベルで個別に使用されているのが実情です。今後は，環境保全型農業の一貫として作物そのものを健康にする作用や発根促進により，肥料効率を向上する資材の開発と使用法の確立が期待されます。

## 5-5 ポストハーベスト農薬と鮮度保持剤

### （1） ポストハーベスト農薬

我が国は年々輸入農産物が増加し，流通における化学的，物理的，生物的障害の被害は大きなものです。収穫された農産物は，

輸送や貯蔵中に害虫やカビなどにより，被害を受けることがあります。例えば，FAOによると穀物貯蔵中に害虫による損出は8％という報告もあります。

収穫前の農産物をプレハーベストと呼ぶのに対し，収穫後のものをポストハーベストと呼びます。収穫後の農産物に使用される農薬がポストハーベスト農薬で，輸送や貯蔵中の被害や損害を防止する目的で使用されます。

日本では9剤に使用が認められ，食品添加物として取り扱われて輸入農産物検疫時にくん蒸処理のために使用されることはあるが，収穫後の農産物に農薬処理は一般に行われていません。しかし，海外では収穫後の使用は，農薬使用のひとつとして広く認められています。この違いは農薬に関する規制の違いによるもので，日本の農薬取締法にはポストハーベスト農薬についての規定はありません。しかし，FAO/WHOの国際食品規格委員会及び諸外国では，農薬を「生産・輸送・貯蔵の過程で使用される物質」と定義しており，ポストハーベスト農薬の使用を認めています。

世界では貯蔵害虫防除の目的に臭化メチルとリン化水素（ホスファイン）の2種が広く使用されています。このうち，臭化メチルはオゾン層を破壊することが判明し，すでに欧米では2000年以降の使用を禁止しており，日本でも2005年に全面的に禁止されます。日本ではポストハーベストの米穀に対して，不活性微粉剤であるケイソウ土の施用は許可されていますが，有機リン剤やピレスロイド系の接触型殺虫剤の使用は認められていません。

世界各国で登録されて使用されている農薬は異なります。ある国で登録されて使用されている農薬でも，日本において登録がなければ使用できません。逆のケースもあります。

安全性については残留農薬基準（第1章で説明）に基づいて規

制されており，残留農薬基準に適合しない農産物は国産・輸入を問わず，流通を禁止し廃棄処分されます。

### （2） 鮮度保持剤

収穫された農産物を輸送・貯蔵する際に鮮度を保持する研究が行われています。特に果実は収穫と同時に出荷するのではなく，一度貯蔵しその糖度を高めるものがあります。しかし，貯蔵中に鮮度が劣化したり，腐敗して商品価値がなくなるものもあります。ホウレンソウやレタスなどの葉菜（ようさい）類は，輸送段階に同様な鮮度の問題を抱えています。一般的に農産物の鮮度保持要因として温度，湿度，ガス雰囲気が挙げられます。

鮮度保持技術の中心は，やはり低温利用ですが，それに伴う包装改善及び各種の鮮度保持剤があります。この資材の狙いは，呼吸や生理活性を抑制してさまざまな品質低下を防ぐことにあります。低温の効果は呼吸作用と微生物の抑制であるのに対し，包装は水分の蒸散抑制によるしおれや肉質の劣化防止が中心になります。その中のひとつに老化を促進する植物ホルモンであるエチレンを除去する剤が鮮度保持剤として上市され，過マンガン酸カリウムをゼオライトに吸着させたもの，鉄や貴金属を触媒にして吸着するものや活性炭などが上市されています（表5-9）。

エチレンと鮮度保持の関係として有名な事例は，リンゴとカーネーションを一緒に保管すると，リンゴから発生するエチレンによりカーネーションの花びらが萎れてネムリ病になることが挙げられます。ネムリ病とは，咲きかけの花がそのまま開かなくなりしぼんでしまう現象で，花屋にとって大変な損失になります。他の例としてメロンがあり，品種により日持ちが異なり，エチレン生成量との関係が明らかになっています（図5-8）。日持ちの悪いプリンスは，日持ちのよいキンキョウの7倍ものエチレンを生

## 5-5 ポストハーベスト農薬と鮮度保持剤

**表 5-9 鮮度保持剤の種類と特徴**

| 分 類 | 主 成 分 | 作 用 機 作 | 商 品 名 例 |
|---|---|---|---|
| エチレン吸着剤 | 過マンガン酸カリウム | 過マンガン酸カリウムの酸化反応を利用して分解 | CSパック |
| | 活性炭 | 多孔質の活性炭などにエチレンを吸着・分解 | フレッシュパック, フレッシュコール, 鮮度保持剤V-2, ノイバロン, Eパック |
| | 鉄, 貴金属 | 鉄や貴金属の触媒作用で分解 | バイタロン, エージレスC, フレッシュキープ |
| | 臭素酸カリウム | 臭素と反応, 分解 | ハトフレッシュC, グリーンパック |
| | その他 | | クリスパー110B, セピオライト |
| 殺菌材 | 二酸化イオウ | 殺菌, 酸化防止剤 | グレープガード |
| | ヒノキチオール | 殺菌, エチレン生成抑制 | ヒノキチオール |
| | イソチオシアン酸アリル | 殺菌 | ワサオーロ |
| | 酸化第一鉄 | 消臭, 殺菌 | アニコ |
| | その他 | | バクテキラー, ピロパック |
| 水分吸湿材 | 高吸水性樹脂 | ポリアクリル酸樹脂など | スイツキーマット, サンウエットIM, デシコ, アクアキープ, スミカゲル, トッパンシート, ピチットシート, ノイバロン, グルメキーパー, アイティー, MYBクッションパック |
| 被膜材 | 天然ロウ モルホリン脂肪酸 天然多糖類 | 青果物の表面に被膜をつくり水分, ガスの発散抑制 | コートーフレッシュ, リンレイワックス, ボンドワックス, ステイフレッシュ |
| 蓄冷材 | 高吸水性樹脂など | 水分を含んだ高吸水性樹脂を凍結 | エバクール, チルファースト, アイスノン, アクア・Uエース, グルメキーパー, ホレイパック, チルドマット |
| | デンプン | デンプン系の吸水剤を凍結 | チルテイン, クールワン, クールエース |

出典:長谷川美典, 今月の農業, 日本化学工業日報社, 4, p.48 (1999)

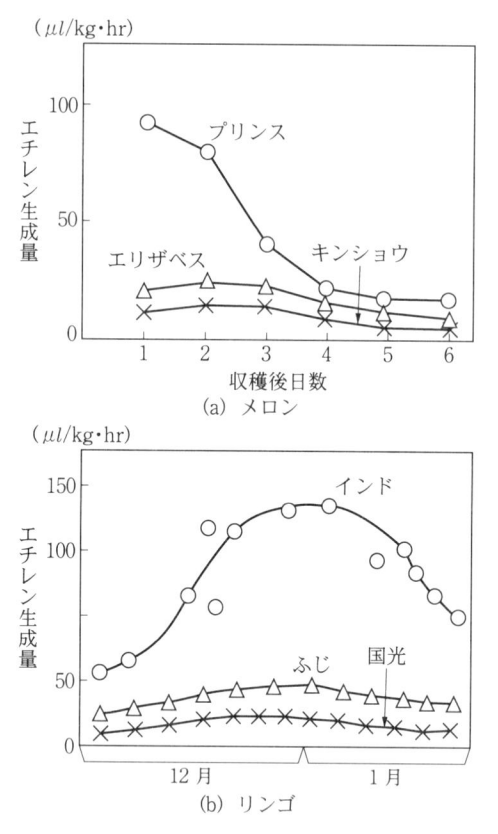

図 5-8 メロン果実及びリンゴ果実の品種とエチレン生成量の関係(出典:太田保夫,植物ホルモンを生かす,農山漁村文化協会(1999))

成します。同様にリンゴもエチレン生成量の多い品種インドは、生成量の少ない国光と比べて貯蔵性が悪い結果が得られています。また、キウイフルーツでは、緑色の保持や軟化の防止のために、総出荷量の5割ほどにエチレン吸着剤が使用されています。

従来、湿度についてはあまり注意が払われず、特に流通ではこの因子が無視された状態でした。筆者は、すでに土壌改良材で説

## 5-5 ポストハーベスト農薬と鮮度保持剤

明した吸水ポリマーをシート状にしたものを農産物の鮮度保持に使えないか検討しました。吸水ポリマーシートの使用法とその目的は次のとおりです。

① 結露防止用としてそのまま農産物に使用する
② 吸水ポリマーシートを含水させ農産物のしおれを防止する
③ 吸水ポリマーシートを含水させた後冷凍させ、低温出荷用保冷材として使用する

上記の3つの使用法の中では①が広く実用化され、蒸散量の多い葉菜類（レタス、ブロッコリーなど）やタケノコの輸送時に段ボール内に敷いて吸水シート兼緩衝材として利用されています。特に梅雨時に出荷される高原野菜のレタスは新聞紙に替わり、吸水ポリマーシートが活用されレタスの傷み抑制及び段ボールの荷くずれ防止に役立っています。長野県から出荷されたレタスについて調べられ、着荷後24時間でより顕著な効果が認められています（図5-9）。

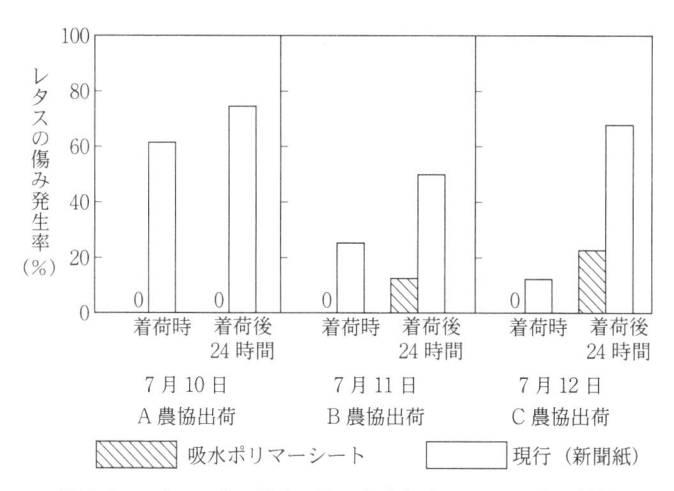

図 5-9 レタスの傷み発生に及ぼす吸水ポリマーシートの効果

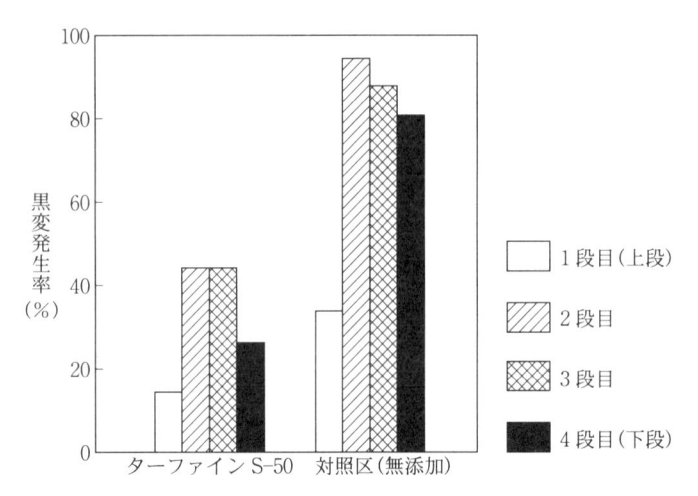

**図 5-10** 渋ガキの黒変発生に及ぼす吸水ポリマーシートの効果（出典：川島和夫，食品定温流通，14，13 (14) (1984))。ターファイン S-50：吸水ポリマーシート

　果実の貯蔵時にも応用され，エチレン吸着剤との併用により，カボスやウメなどの果皮の緑色が保持されています。同じ果実でも渋ガキのアルコール脱渋に利用される吸水ポリマーシートは少し目的が異なります。アルコールによる脱渋工程は段ボールに箱詰めした後に散布され，約1週間後に脱渋されます。その間は過湿度下にあり，カキの果皮に黒変が発生して商品価値が低下する問題がありました。筆者らは，この問題を解決するために吸水ポリマーシートの応用を検討しました（図5-10）。その結果，渋ガキの4段詰めの最上段にそのシートを敷くことにより，対照区と比べて各段とも顕著に黒変を抑制することができました。

　輸送や貯蔵中の被害や損害を最小限に抑えることは，食料確保の観点からも重要な課題であり，さらなる研究により歩留りの向上が期待されます。

## 5-6 将来のアグロケミカル

### （1） 植物保護

農業の生態系は，自然のものとは異なり人工的で，単純化され極めて不安定です。最近になって病害虫防除や雑草防除に替わって農産物の収量を高めるために，光合成による植物生産（栽培）を最大にし，それを消費する食物連鎖をできるだけ排除しようとする植物保護という概念が拡がりつつあります。生産現場では，循環系から切り離されたエネルギー（収穫物）に必要な資源（窒素，リン酸，カリウムなど）は，循環によって戻されないため，人為的な施肥により補われなければなりません。収穫後に残された作物の残渣も分解が遅れて循環しにくくなっています。このように食物連鎖は大幅に修正され，種間の競争関係も大きく乱れています。

植物保護技術の将来について，一谷と中筋は，食物連鎖（生物的防除），競争（拮抗微生物，弱毒ウイルス，雑草防除），進化（抵抗性品種，バイオテクノロジー）など生態系の法則にそった発展の大切さを指摘しています。生態系の法則であるアレロパシー（他感作用）の研究は，将来のアグロケミカルに結びつくものと考えられます。筆者が学生時代に与えられたテーマが植物アレロパシーの化学的研究でした。具体的にはエンドウの連作障害の原因解析とユーカリの木の下に雑草が生えない現象から発芽抑制剤の探索でした。まさに天然物有機化学の世界であり，その応用として化学農薬がありました。現在の社会が求めているアグロケミカルは，単に生理活性があるだけでなく，循環型農業用資材になりうるものです。

アレロパシー（他感作用）とは，ある植物により生産された物

質が他の植物の生育に影響を与える現象を意味しています。最近では異種生物間で、一方の生産した物質が他種に特有の生理作用を及ぼす現象をいいます。

生態系での生物種内、種間に作用する化学的要因を探索する研究分野である化学生態学は、植物保護の確立に大いに寄与するものと考えられます。具体的には同種間の配偶関係、他種間の作用としてフェロモン、カイロモン、アロモン、ファイトアレキシン、誘引物質、忌避物質などの解明が挙げられます。

カイロモンとは、異種生物間に作用する他感物質のひとつで、受け取る側に有効な効果をもたらす物質をいいます。例えば、寄生バチは寄生の出す化学物質を手がかりに寄生を見つけ、食植性昆虫は寄生植物から出る化学物質によって寄生を発見したり摂食行動を起こします。アロモンとは、放出する側に有利に働く物質のことで、食植性昆虫に対して植物も化学的に防衛しており、多くの忌避物質や摂食阻害物質を含むことが知られています。

### （2） 循環型農業用資材

従来、高機能性は複合化技術を意味し、農薬と肥料の合体化した製品もそのひとつと考えられます。生産現場では農薬、肥料やその他のさまざまな資材が独立した形で使用され、廃棄時や散布後に環境問題を引き起こしています。それらの資材はすべて農産物の生産に貢献すべく、投入されたものであり、冒頭にも述べたように、総合的かつ有機的に各種資材のあり方が見直される時期であると考えられます。見直すに当たり、具体的に次のような方向性を提案したいと思います。

① アレロパシーの広範な応用
② 生分解性マルチシートや土壌改良材などの肥料への応用
③ 生物系廃棄物の資源化・リサイクルに係わる技術開発

アレロパシーの農業への活用として，今までは天然物から抽出して構造解析し，より活性の高い化学農薬を開発するのが常でした。それに替わってアレロパシー活性のある植物の生きたままでの利用，落ち葉や残渣での利用や生態系での利用などが考えられます。例えば，拮抗微生物の繁殖を助長する作物であるユウガオを活用し，ネギやニラなどのネギ類と混栽して土壌病害を抑制したり，マリーゴールドを混栽して線虫を防除することができます。雑草の繁茂を抑制するため，エンバクやソバなどの制圧作物を混栽したり，ヒガンバナやヒマワリなどの落ち葉などを敷いたりすることも可能であり，さらに被覆植物としてクローバやダイズなどの活用も検討されています。

また，具体的に進められているアレロパシーの応用として，水稲3品種の「混植栽培」があり，秋田県の秋田しんせい農協管内で1997年から始まり安定した収穫が得られています。異なる品種間の相互作用により，病原菌や害虫などへの抵抗力が高まることを期待して始まったもので，農薬を控えたコメづくりの一環として大いに注目されています。循環型農業において，生物農薬とか化学農薬の個別の商品化ではなく，アレロパシー活性のある植物の混栽や残渣の活用なども含めた総合的栽培体系の確立が求められようとしています。

マルチシートは広く農業分野で普及しているが，使用後の廃棄が大きな問題となり，最近の研究では，植物に含まれる糖類を醗酵させてできる乳酸を原料として製造できるポリ乳酸のような生分解性のよいマルチシートの開発が盛んです。ポリ乳酸の価格は汎用ポリマーの2倍以上であり，まだ年間1万トン以下であるが，2010年には400万トン規模の市場に成長すると予測されています。マルチシートが生分解後に肥料として，活用できるものの商品化も期待されます。

また，さまざまな土壌改良材が上市されているが，有機合成系であれば，マルチシートと同様に分解後に肥料として活用できるものが期待されます。例えば，吸水ポリマーのポリアクリル酸ナトリウムについてカリウム塩での商品化の可能性があります。同様に化学農薬を散布し，分解物が肥料として活用できるものの開発も盛んであり，殺菌剤の炭酸水素カリウム剤（カリグリーン）はその一例です。

　現在，日本の生物系廃棄物の発生量は約2万8千トン/年で，家畜排せつ物9430万トンを含めると，農業生産に由来する廃棄物は一般廃棄物や産業廃棄物などを含めた廃棄物総量（4億トン）の2割以上を占めています。この生物系廃棄物の発生抑制と資源化・リサイクルを推進するに当たり，分解促進や有害物質の発生抑制などの技術開発が求められます。

　このように，農産物に係わる資材の個々の機能を追求するのではなく，ある機能を発揮後に次にどのような機能が必要になるかを考えると，循環型農業資材として新しいアグロケミカルの像が具体的に見えてきます。

# 第6章 グローバル化におけるアグロケミカルの課題

## 6-1 世界の農薬会社

### (1) 世界の作物保護製品市場

　世界の農薬業界では大型買収合併が続く中，化学農薬の市場は頭打ち状態で，1998年で289億9500万ドルの売上があり，97年に比べて2％の減少となっています。しかし，農業用バイオテク製品も含めた作物保護製品の市場は，98年で312億5400万ドルで，97年に比べて逆に2％の増大となっています（表6-1）。その内訳を見ると，除草剤48％，殺虫剤22％，殺菌剤18％，農業用バイオテク製品7％です。

　世界の化学農薬市場を地域別に見ると，北米3割，東アジア2割，西欧2割で全体の7割になり，特にアメリカ，日本とフランスの3国で世界の5割を超えます。化学農薬の中で5割を占める除草剤について地域別で見ると，北米5割，西欧2割，東アジア1割で全体の約8割になります。次に多い殺虫剤については東アジア3割，北米2割で全体の5割になり，殺菌剤については西欧4割，東アジア2割で全体の6割になり，地域による特徴が見られます。また作物別で見ると，果樹・野菜類，ムギ類，イネ，トウモロコシ，ワタ，ダイズの順になっており，これらの合計で8

**表 6-1** 世界の作物保護製品の売上高推移

(単位:100万ドル,%)

| 用　　途 | 1996年 | 1997年 | 1998年 | 伸び率 |
|---|---|---|---|---|
| 除草剤 | 15285 | 15275 | 15055 | ▲1.4 |
| 殺虫剤 | 7985 | 7415 | 6930 | ▲6.5 |
| 殺菌剤 | 6150 | 5665 | 5640 | ▲0.4 |
| その他農薬 | 1265 | 1230 | 1370 | 11.4 |
| 農薬小計 | 30685 | 29585 | 28995 | ▲2.0 |
| 農業バイオテク製品 | 347 | 1113 | 2259 | 102.9 |
| 合　　計 | 31032 | 30698 | 31254 | 1.0 |

資料:Wood Mackenzie
出典:高城仙三,化学経済,3月臨時増刊号,p.149 (2000)

割を超えています。

　主要な農薬会社の98年の売上を見ると,97年に比べて増加しているのはモンサント21%,ゼネカ(旧ICI)7.8%,アグレボ(旧ヘキスト)2.7%,ダウ10.3%です(表6-2)。一方,減少しているのはノバルティス(旧チバガイギー,サンド)1%,デュポン5%です。この中で,モンサントの増加は除草剤ラウンドアップに耐性であるダイズ(ラウンドアップレディ)の作付面積の飛躍的な増加と地力保全耕法の普及によりもたらされた,除草剤ラウンドアップの売上増によるものです。

　世界の農薬業界の大型買収合併が続いており,第4位のアグレボと第9位のローヌプーランは1999年12月に合併し,世界第1位の農薬会社アベンティスが誕生しました。しかし,2000年4月には生命科学大手ノバルティスとアストラゼネカが製薬事業への集中のため,農薬事業を分離・統合し,世界市場の20%超をもつ世界第1位の農薬会社シンジェンタが設立されました。2001年10月にはバイエルはアベンティスの農薬バイオ事業の買収を

**表 6-2** 世界の主要農薬会社の売上高推移

(単位：100万ドル，％)

| 順 位 (1998年) | 会 社 名 | 売 上 高 1997年 | 1998年 | 成長率 (ドル) |
|---|---|---|---|---|
| 1 | Novartis | 4196 | 4152 | ▲1.0 |
| 2 | Monsanto | 2965 | 3593 | 21.0 |
| 3 | Zeneca | 2669 | 2877 | 7.8 |
| 4 | AgrEvo | 2347 | 2410 | 2.7 |
| 5 | Dow AgroSciences | 2133 | 2352 | 10.3 |
| 6 | Du Pont | 2431 | 2309 | ▲5.0 |
| 7 | Bayer | 2264 | 2273 | 0.4 |
| 8 | Cyanamid | 2119 | 2194 | 3.5 |
| 9 | Rhone-Poulenc | 2092 | 2153 | 2.9 |
| 10 | BASF | 1851 | 1945 | 5.1 |
| 11 | Makhteshim-Agan | 642 | 709 | 10.4 |
| 12 | 住友化学 | 667 | 674 | 1.0 |

資料：農薬時報誌（Wood Mackenzie 資料より）
出典：高城仙三，化学経済，3月臨時増刊号，p.149（2000）

発表し，2002年3月までにバイエルクロップサイエンスが誕生し，シンジェンタと肩を並べる売上規模になります。

このように，世界の農薬業界の再編・再分割は大手化学メーカー間によって急速に進められ，コスト節減及びコスト競争を回避することにより，低リスク・低環境汚染という条件を満たす新農薬の開発を目指しています。さらにまだ伸長しているアジア地域における研究開発の拠点として，実績と技術力を有する日本が注目され，特に水稲が重点作物になりつつあります。これらの事業展開に加えて，各種の環境規制に対応した技術サービスやコンサルタント事業，生物農薬やバイオテクノロジーの研究開発などを戦略的に位置づける動きも見られます。

### (2) 遺伝子組み換え作物

世界の化学農薬の市場が低迷する中,除草剤耐性・害虫抵抗性作物種子の農業用バイオテク製品は確実に年々増加する傾向にあります。アメリカ農務省から環境放出実験を許可された遺伝子組み換え作物は,除草剤耐性品種の開発がもっとも多く,次いで害虫抵抗性の付与です(表6-3)。研究の対象は,トウモロコシ,トマト,ジャガイモ,ワタやタバコなど種子としての市場性が高い作物に集中しています。その中で,モンサントはもっとも積極的にこの分野に注力し,ラウンドアップレディの作付面積が顕著に増加しています。

アメリカでの作付面積は,97年の900万エーカーから98年には約2700万エーカー,さらに99年には3500万エーカー(全作付面積の50%に相当)まで増えました。世界の遺伝子組み換え

**表 6-3** アメリカで環境放出実験を認可された遺伝子組み換え作物の開発テーマ別件数(1987年11月~1996年12月)

| 項　目 | 件　数 | 割合 (%) |
|---|---|---|
| 除草剤耐性 | 762 | 29.9 |
| 害虫抵抗性 | 681 | 26.7 |
| 製品特性の改良 | 641 | 25.2 |
| ウイルス抵抗性 | 290 | 11.4 |
| 病原菌抵抗性 | 135 | 5.3 |
| 栽培特性の改良 | 92 | 3.6 |
| その他 | 165 | 6.5 |
| 延べ件数 | 2766 | — |
| 作物件数 | 2547 | — |

出所:USDA, Animal & Plant Health Inspection Service, BSS Database.
出典:中野一新編,アグリビジネス論,有斐閣(1998)

作物の作付面積の約70%強を占めるアメリカにおいて，モンサントの遺伝子組み換え作物の作付面積は6200万エーカーを超えています。このような遺伝子組み換え作物の動きは，アメリカ以外ではカナダやアルゼンチンなどでも見られ，アルゼンチンでは97年の350万エーカーから98年には1000万エーカーに成長しました。

殺虫剤では，土壌細菌 *Bacillus thuringiensis*（BT剤）の毒素遺伝子が組み込まれた害虫抵抗性のトマトやワタなどの市場が大きく成長し，98年で7億3800万ドルになっています。また，害虫抵抗性と除草剤耐性を併せもった作物種子も成長しています。

このように，農薬会社は種子・バイオ事業に力を入れて，化学農薬ではなく，農業バイオテク製品の開発を推進しています。しかし，昨今，これらの国々から食料を輸入しているヨーロッパや日本などの消費者から遺伝子組み換え食品の安全性に対する大きな反発があり，もっとも遺伝子組み換え作物の作付面積が拡大していたアメリカにおいても安全性の見直しが行われ，これらの作付面積が減少しています。そのような中，デュポンは遺伝子組み換え技術によらないスルホニルウレア系除草剤耐性ダイズのSLSダイズの推進に力を入れています。要は種子ビジネスを押さえることにより，除草剤または殺虫剤の市場も同時に確保することができ，もっとも重要な開発分野になっています。

## 6-2 日本の農薬会社

### （1） 業界の再編成と商流の短縮化

世界の主要な農薬会社の売上と比べ，住友化学が第12位にようやく顔をだす程度であり，日本の農薬会社の売上規模は一桁違っています。世界の農薬会社の再編成が急速に進展する中，日本

の農薬業界は比較的静かであったが，2000年に住友化学はアボットの生物農薬事業を買収しました。同年秋には三井化学との合併計画を発表し，2003年4月からアグロ事業部は新体制になり開発力の強化を図ろうとしています。さらに住友化学は，2001年10月から国内営業部門の強化としてアグロスを合併しました。

　製薬系の農薬会社の動向が注目されている中で，塩野義製薬は2001年10月に農薬部門をアベンティスに売却しました。武田薬品や三共も医薬部門に特化する動きがあり，業界の再編成が加速されるものと予測されます。

　世界最大の農薬会社であるシンジェンタはトモノアグリカの合併を2001年10月に行い，日本市場の約1割を占有し，自前の販売ルートを確立しつつあります。自前の販売ルートについては，モンサントが先行しており，日本の農薬会社経由の販売から全農への直販売を1995年から行っています。その他の外資系農薬会社も同じ志向であり，国内の農薬会社のシェアが低下する傾向にあります。そのような状況下で，クミアイ化学や八洲化学などの系統メーカーの今後の動向が注目されます。

　また国内の商流において，最終的なユーザーである農業従事者への販売ルートの短縮化が進められています。特に系統ルートである全農は各都道府県にある経済連との合併を進めており，最終的に数件の経済連だけが残るものと予測されます。農協の合併も進められて広域農協が誕生し，2001年10月で1135の農協があります。香川県は経済連が農協と一緒になってひとつの大農協になっています。世界でも特異的な存在である全農が今後，どのような動きをするのか注目されます。

　一方，商系ルートにおいては卸商の役割が見直されており，農薬会社が直接に小売店との販売網を構築する動きも見られ，今後5年以内に日本の商流も大きく変わることが予測されます。

## (2) 日本の農薬会社の方向性

　日本は，世界の中でも水稲用市場としてもっとも魅力があると同時に，過去からのさまざまな財産や知恵があります。東アジアを始めとする稲作地帯への技術的な影響力は絶大であり，今後とも世界への発信源になる技術開発が水稲分野では可能性は高いと考えます。また，醱酵技術は日本古来からのものであり，農業分野への応用として実用化された除草剤もあり，安全性や生産性を考慮すると将来性のある技術分野といえます。さらに製剤技術は世界と比べ，日本は芸術的な乳化性や分散性などをもつ製剤を製造するノウハウをもっており，環境負荷の低減や生物効果の増強などへ積極的に活用する方向もあります。

　もっと重要なことは日本農業の実態を理解し，将来の農業のあり方や輸入農産物との差別化のためにどのような資材（機能）が期待されるかを予測することが求められます。化学農薬の万能時代はすでに終わりを告げ，IPM（総合的有害生物管理）の体系確立へ移行する中，求められる機能的資材として広義のアグロケミカルを開発することに心掛けることが大切になります。

　日本の農薬会社が世界の中で生き延びていくためには，国内向けの省力化，軽量化，安全性を備えた製品開発に注力する必要があります。さらに自社の強みを生かした分野に特化して新農薬を開発することが求められます。日本の農薬会社の再編成はまだ始まったばかりであり，グローバルな視点から技術動向や市場性を見据えたアライアンスの成否が，今後の企業の命運を大きく作用し，日本市場のみに固守してニッチ市場を対象としたアグロビジネスを継続することは極めて困難になることが予測されます。

## (3) 特許から分析した農薬市場

　将来の技術を差別化して権利化することは最重要な武器になる

154　第6章　グローバル化におけるアグロケミカルの課題

ことは周知の事実であり，各社は特許戦略に注力しています．特許庁は，1978年～2000年3月までに公開された農薬関連の技術を解析しています（図6-1）．それによると，公開の出願総数は31211件で特許30221件，実用新案990件です．そのうち，約30％が外国人による出願で，確実にグローバル化が進展していることがわかります．ドイツ，アメリカ，スイス，イギリス，フランスの順に多く，この5国で90％を占め，特にドイツとアメリカの2国で64％になります．

技術分野では病害防除20.1％，害虫防除17.9％，雑草防除17.2％，混合剤25.5％，製剤19.3％で，特に主要な殺虫剤，殺菌剤と除草剤では外国人による出願が30％を超えています．技術動向としては，高い安全性や高機能な農薬の開発が目につきます．具体的には殺虫剤ではピレスロイド系やネオニコチノイド

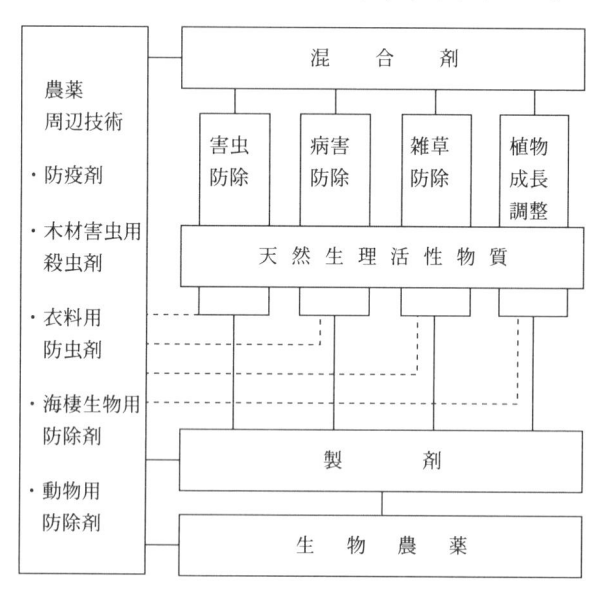

図 6-1　特許から分析した農薬技術の動向

系，殺菌剤ではアゾール系やメトキシアクリレート系，除草剤ではスルホニルウレア系を挙げることができます。

製剤技術では環境問題の視点からフロアブル，濃厚エマルションやマイクロカプセルなどが挙げられます。また，環境にやさしい生物農薬は1980年代中頃から急増しており，生物農薬は遺伝子組み換え技術と合わせ，今後の環境保全型農業における新しい防除技術として積極的な開発が進むことが予測されます。

一方，欧米における特許においても熾烈な特許戦争が繰り広げられています。アメリカでは約20年間で17435件が登録され，出願国でみるとアメリカ51%，ドイツ16%，日本14%の順です。ヨーロッパでは16998件が登録され，アメリカ33%，ドイツ27%，日本14%の順で，アメリカでの登録状況とほぼ同じ傾向が見られます。主要な除草剤，殺虫剤と殺菌剤を小計してその比率をみると，やはり除草剤がもっとも高く約4割で，殺虫剤と殺菌剤が各々約3割を占め，この傾向は欧米共に同じです。

## 6-3 日本農業の生き残り

### (1) 農業従事者

2000年の「農林業センサス」によると，日本の総農家戸数は312万戸となっており，5年前の調査に比べ9.4%減少し，高度経済成長が本格化し始めた昭和30年代半ばから一貫して減少しています。また，農家人口（農家世帯員）は，2000年に1346万人（総農家ベース：総人口に占める割合は10.5%）となっており，40年前の3441万人の半分以下の水準にまで減少しています（図6-2）。農家人口に占める高齢者の割合は年々上昇しており，2000年における65歳以上の高齢者の割合は，世帯員の4人に1人に相当します。

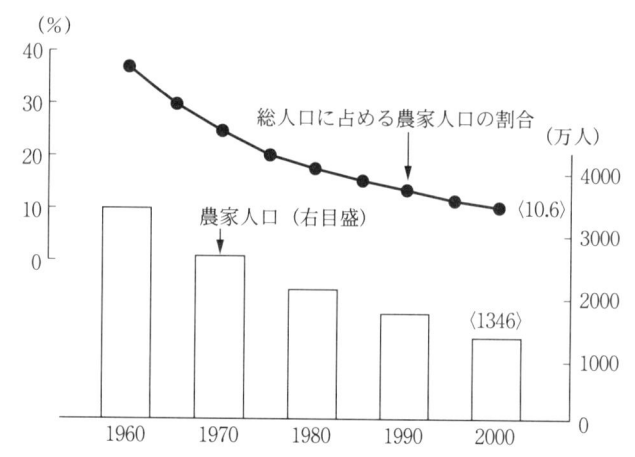

156　第6章　グローバル化におけるアグロケミカルの課題

図 6-2　日本における農業従事者の推移（全国・総農家）（出典：農林統計協会編, 図説食糧・農業・農村白書, 平成12年度版, 農林統計協会 (2001)）

　経営耕地面積が30アール以上または農産物販売金額が50万円以上の農家である「販売農家」の人口は2000年で389万人であり，1985年（543万人）の約7割となり，農業労働力の減少が顕在化しています。
　近年，職業観の変化や自然志向などの高まりや新規就農の支援対策の充実などもあり，新たに農業に従事する者や「定年帰農」的な就農者もみられ，少し明るい材料もあります。

(2)　新農業基本法
　農業基本法が制定されてすでに40年が経過し，この間に日本の食料・農業・農村をめぐる状況は大きく変化し，農業後継者の減少，高齢化の進行や農耕地放棄の増加などの問題が深刻化して

います．一方，農業のもつ多様な機能に対して，国民の期待が高まる中で，1999年11月に新農業基本法（食料・農業・農村基本法）が制定されました．

「くらしといのち」の憲法ともいわれる新農業基本法には，①食料の安定供給の確保，②農業・農村の多面的機能の発揮，③農業の持続的発展，④農村の振興の4つの基本的理念が盛り込まれています（図6-3）．21世紀に向かう新たな社会，経済，文

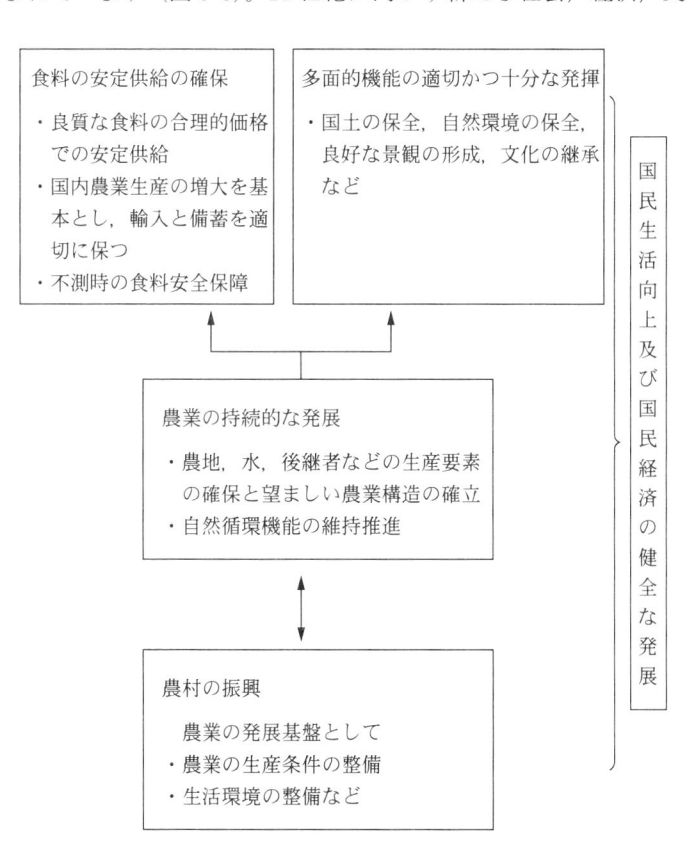

```
┌─────────────────────────┐  ┌─────────────────────────────┐
│ 食料の安定供給の確保        │  │ 多面的機能の適切かつ十分な発揮    │
│ ・良質な食料の合理的価格     │  │ ・国土の保全，自然環境の保全，  │
│   での安定供給             │  │   良好な景観の形成，文化の継承  │
│ ・国内農業生産の増大を基    │  │   など                       │
│   本とし，輸入と備蓄を適    │  │                             │
│   切に保つ                 │  │                             │
│ ・不測時の食料安全保障      │  │                             │
└─────────────────────────┘  └─────────────────────────────┘
               ↑                            ↑
               └────────────┬───────────────┘
                            │
            ┌─────────────────────────────────┐
            │ 農業の持続的な発展               │
            │ ・農地，水，後継者などの生産要素  │
            │   の確保と望ましい農業構造の確立  │
            │ ・自然循環機能の維持推進         │
            └─────────────────────────────────┘
                            ↕
            ┌─────────────────────────────────┐
            │ 農村の振興                      │
            │   農業の発展基盤として           │
            │ ・農業の生産条件の整備           │
            │ ・生活環境の整備など             │
            └─────────────────────────────────┘
```

国民生活向上及び国民経済の健全な発展

図 6-3　食糧・農業・農村基本法（新農業基本法）の全体像

化などの世界の潮流を踏まえて，食料・農業・農村政策の基本方向を示した新農業基本法の中で，政府が食料自給率の向上及び目標を明確に設定したこと及び消費者ニーズの大切さを指摘したことは特筆すべき点として挙げられます。

　農業政策は，国民の生命を預かる国の責任として最重要な戦略のひとつであり，各国の利害が絡む複雑な問題です。農業従事者や消費者を含むすべての国民は，国が提示する政策を十分に理解する必要はあるが，国が消費者のニーズをつくったり変えたりすることはできないことを肝に命じておく必要があります。従って，輸入農産物との差別化や日本農業の生き残りのために努力する農業従事者や生産者組合がどのような方向を目指すのか，アグロケミカルを開発する企業は，彼らと一緒になって消費者の求めるニーズを解析・開発する努力が求められます。

### （3）　環境保全型農業への挑戦

　環境と調和のとれた農業生産の確保を図るため，1999年10月に「持続性の高い農業生産方式の導入の促進に関する法律」が施行され，同法によると「環境保全型農業とは農業のもつ物質循環機能を生かし，生産性との調和などに留意しつつ，土づくりなどを通じて化学肥料，農薬の使用などによる環境負荷の軽減に配慮した持続的な農業」と定義されています。

　愛知県では，「環境保全型農業を家畜ふん堆肥など有機物の適切な土壌還元などによる土づくりと合理的作付体系を基礎に，化学肥料，農薬などの効率的利用によりこれら資材への依存を減らすことを通じて環境保全と生産性の向上の調和のもとに幅広く実践が可能な農業」として位置づけ，生産性の維持を図りつつ農業全体を環境とより調和した形態にするよう積極的に推進しています。1997年を基準として，概ね10年間で化学肥料と農薬の使用

を有効成分，使用量，使用回数を考慮して概ね2割低減する目標を掲げています。

嘉田によると，「環境保全型農業とは化学資材に過度に依存した近代農法を改めて，環境負荷を少なくし持続可能性を高めるために生物学的なプロセスや機械工学的なプロセスに置き換えていく農法」と解説しています。具体的な例として，再生紙の中に種子と必要な肥料などを埋め込んだ「湛水紙マルチ式の直播栽培」を挙げ，除草剤が不要で田植機を使わないので人手も節約できると説明しています。筆者はすでにIPMの大切さを説明しているが，今日のように労働力の絶対量が不足する中，コストと労働力を低減する農法は必ず，将来性が大いにあると考えます。

稲作だけでなく，施設園芸や果樹においても，フェロモンや物理的な手段などの活用は，害虫の絶対量を減らして化学資材の低減を図り労働時間の短縮化も解決できるので，IPM技術として確実に定着しつつあります。

### (4) 日本農業の生き残り作戦

21世紀に入り，ますます輸入農産物が増加する傾向にあり，農業も国際競争にあるといえます。厳しい競争原理に立ち向かう日本農業にとって何が差別化のポイントになるのか，すでに自由化された農産物から学ぶことができます。すなわち，アメリカのサクランボやニュージーランドのリンゴなどとの競争に勝ち抜いている現状から，日本の消費者の求めるニーズが少しずつ見えてきています。

差別化における切り口として，高品質（鮮度），安全性，高い栄養価と美味しさなどが挙げられます。決して値段だけではないということです。1993年のコメの大不作の折に，輸入米をタイから調達した時もこの消費者ニーズが明確に実証されました。一

般に野菜や果実について鮮度,安全性,美味しさ(甘さ),栄養と低価格が市場でいわれる5つの要素ですが,昨今の差別化の重要な要素として特に鮮度と安全性をあげることができます。消費者が産地の朝市や青空市で賑わうことや食品の賞味期限に厳しいことなどから,鮮度を強く求めている現状を知ることができます。また,昨今どの食料店においても有機栽培コーナーが見られるように安全性やアレルギー物質に対する消費者の関心度がわかります。

農業も国際化が進む中,日本農業の差別化の方向が明確に見えてきます。要は日本農業が消費者のこれらのニーズに対して,どれだけ対応できるのかにより,淘汰されずに生き残れるか否かが決まると思います。

### (5) 食と農の距離を縮める

この問題を解決するためには,まず生産者である農業従事者の対応が重要になります。一部の農業従事者ではすでに共同で出荷したり,従来の市場を経ない販売ルートの開発を積極的にしている人もいますが,まだまだ大多数の人は待ちの姿勢です。今日,生産者・流通業者・消費者の役割が明確にわかれ,消費者が生産者の顔を知ることが皆無になりつつあります。消費者は生産の現場を知らず,加工された食料の形しか知らない人々が増えており,輸入であろうが国産であろうが構わない若者が増えていることも事実です。しかし,食品に対する安全性の認識が高まったり,さまざまな食品に対して過敏に反応する人も増え,安全性やアレルギー物質についての情報は重要な差別化の武器になりつつあります。

そこで生産者は,積極的に栽培や病害虫防除のために使用した薬剤の情報を公開しながら,農産物と食料の距離を縮める努力が

大切になります。そのような情報発信の努力により，国産農産物は輸入農産物と明確に差別化されるものと確信します。

また農業生産を教育の場として活用することにより，農業のもつ多様な価値である国土保全や自然環境の保全の意義を理解することもできます。さらに社会文化的保全として農村の文化継承や保健休養の場を提供している現実に気づく機会を与えることになり，ますます村と町の距離を縮めることが期待できます。具体的な方策として，小・中学校の教育に田植えから稲刈りまでを体験させたり，夏休みに農村で農作業を体験させることなどが挙げられます。要は農業の役割が単に食料確保だけでないことを知ってもらうことにより，食と農の距離が縮まり，結果として日本における農業（生命）の大切さも理解できることが期待できます。

## （6） 循環型農業のすすめ

年々増加し続ける地球人口をやしなうために食料の増産が必要であるが，地球上の農耕可能な土地には限りがあります。今回，農産物の生産のための資材としてアグロケミカルのあり方を考えてきました。少し視点を変えると全く異なる手法（対象）が見えてきます。

安東は，動物性タンパク質，脂肪やビタミン類などの供給の観点から，食料としての昆虫応用を提唱しています。例えば，イナゴのタンパク質や脂肪などをみると，肉や魚などと比較しても遜色はありません（表6-4）。すでにチリカブリダニやナミハナカメムシなどの天敵やカイコなどの昆虫では大量飼育の技術が確立されており，これに対象とする昆虫の品種改良や食品加工技術などにより，ヒトだけでなく家畜用飼料にも利用が期待されます。大量飼育に農産や畜産の廃棄物や生ゴミなどが利用されれば，理想的な循環型農業が確立されます。限られた面積しかない地球で

**表 6-4** イナゴ成分とその他の食品成分の比較

| 項　目 | 100 g 当たりのカロリー | タンパク質含量（%） | 脂肪含量（%） | 灰　分（%） |
|---|---|---|---|---|
| 生イナゴ | 107 | 25.5 | 1.5 | 1.5 |
| 乾燥イナゴ | — | 68.1 | 4.0 | 4.4 |
| 白　米 | 344 | — | — | 0.7 |
| 玄　米 | — | — | 1.6 | 1.3 |
| ダイズ | — | — | 16.0 | 4.6 |
| 牛肉（少脂） | 109 | 20.5 | 4.7 | 1.1 |
| 豚　肉 | 137 | 20.1 | — | — |
| イワシ | 146 | 21.4 | — | 1.6 |
| 干しニシン | — | 68.4 | — | — |
| 干しアジ | — | 65.4 | — | — |

出典：三橋淳，世界の食用昆虫，古今書院（1984）

さらに食料増産を試行するのに，昆虫の食料応用は現実味のあるひとつの手法と考えます。

循環型農業を推進するに当たり，生産現場では土づくりを基礎とする環境保全型農業の取り組みが不可欠です。健全な大地や生産環境から健全な農産物が生まれ，健全な農産物によってヒトも健康な体をつくることができる原点に立ち返る必要があります。もちろん，土に替わる資材や養液栽培のような土を必要としない栽培体系も確立されつつあり，農業は複雑化しつつあります。

昨今，さまざまな技術開発が農業分野でも進められてきたが，循環型農業の意識が欠落した技術開発になっていた反省に立ち，すでに上市されたアグロケミカルの効果的な組合せや新しいアグロケミカルの開発を推進することにより，21世紀の食料問題の解決の糸口を見出し，さらに環境への負荷を軽減できるものと信じます。

## あ と が き

　20世紀末は，ヨーロッパで口蹄疫やBSE（狂牛病）の問題が深刻化していたが，ついに21世紀に入り我が国でもBSEに感染した牛が見つかり，食料の安全神話はもろくも崩れ去りました。畜産物と同じように農産物も中国や韓国などの東南アジア諸国からの生鮮野菜の輸入が急増し，政府はセーフガードを2001年4月に発動し，日本の農業が生き残れるか問題提起をしました。その一方で，飲食店や家庭における食料ロスが大量に発生し，家庭では7.7％のロスが廃棄され，日本の消費者は相変わらず飽食の時代にあります。昨今の日本の台所は，世界平和と自由貿易社会が大前提になって世界各国の農産物で充ちあふれています。

　日本の農業の意義が問われている折，特に我が国の農業従事者は今，経営者として市場開発・技術開発・経済性に対して自立したチャレンジ精神をもつことが強く求められています。アメリカでは農業を営む者は，経営者としての自覚をしっかりもち，各種のコンサルタントを活用しています。例えば，隣の畑で農薬を散布したから我が家も同じ農薬を散布する時代ではなく，栽培する作物の選定から自分の判断が求められる時代に突入しています。40年ぶりに大幅に改正された新農業基本法の中で，日本政府は2010年度を目標に食料自給率45％の達成を掲げており，チャレンジ精神と開発力のある者にとってこれからの農業には大きな将来性があり，21世紀は農業の時代といえます。

## あとがき

　農業分野においても技術開発は日進月歩が激しく，各種のアグロケミカルが商品化されています。土づくりから始まり，どのようなアグロケミカルをどの時期にどの程度使用するかは，農業従事者自身の試行錯誤も重要であるが，専門家をコンサルタントとして効果的に活用する時代が到来しつつあります。要は，従来の土を基本とする栽培形態であろうが，養液栽培のような植物工場であろうが，環境面を考慮して作業面やコスト面から最善の手段を選定できるか否かです。

　企業も農業従事者のニーズ及び食料の最終的な顧客である消費者が望む食料像の両面を模索し，植物保護の観点から循環型農業に適合したアグロケミカルの商品開発を行う必要があります。その際にアレロパシーのような自然の営みの解明や植物・昆虫などの生理・生態の基礎研究などにより，21世紀の農業に求められるIPM（総合的有害生物管理）技術に適合したものを提案することができるものと確信します。

　本書では化学産業に従事する企業人の視点から，農薬・肥料・土壌改良材・植物活力剤や鮮度保持剤に係わる開発・普及を通して，広義のアグロケミカルの現状と将来の課題をまとめました。今後，産官学の協業の必要性がさらに高まるのは当然のこととして，各界における異業種交流により環境保全型農業に求められるIPM技術の完成に一歩ずつ近づくことを切に期待します。

　おわりに，本書に係わるアグロケミカルを現地で実証する際にご指導並びにご協力を賜りました全国の技術普及機関の皆様に厚く感謝申し上げます。また，本書の執筆に当たり多くのご助言とご協力を頂きました米田出版の米田忠史氏に心からお礼を申し上げます。

2002年3月吉日

川島和夫

# 参 考 文 献

**第1〜6章**

日本農薬学会,農薬とは何か,日本植物防疫協会（1996）
松中昭一,農薬のおはなし,日本規格協会（2000）
一谷多喜郎,中筋房夫,植物保護,朝倉書店（2000）
梅津憲治,大川秀郎,農業と環境から農薬を考える－その視点と選択,ソフトサイエンス社（1994）
嘉田良平,世界各国の環境保全型農業,農山漁村文化協会（1998）
本間保男ら,植物の保護の事典,朝倉書店（1997）
深海浩,変わりゆく農薬,化学同人（1998）
農林水産省植物防疫課監修,農薬要覧2001,日本植物防疫協会（2001）
宍戸孝ら,農薬科学用語辞典,日本植物防疫協会（1994）

**第1章 アグロケミカルの開発と安全性**

小山重郎,害虫はなぜ生まれたのか,東海大学出版会（2000）
植物防疫事業50周年記念会,植物防疫の半世紀,日本植物防疫協会（2000）
環境白書（総説）平成12年版,環境庁,ぎょうせい（2000）
農林統計協会編,図説食料・農業・農村白書平成12年度,農林統計協会（2001）
安東和彦,樹木医の農薬概論,樹木医学研究,4（2）87（2000）
藤岡幹恭,小泉貞彦,おもしろくてためになる最新農業の雑学事典,日本実業出版（2000）
通商産業省基礎産業局化学安全課,化審法化学物質,化学工業日報社

（1997）

## 第 2 章　農薬概論
高橋信孝ら，新版農薬科学，文永堂（2001）
太田保夫，植物ホルモンを生かす，農山漁村文化協会（1999）
藤原邦達，本谷勲監修，よくわかる農薬問題一問一答，合同出版（1998）
長沢正雄，石井義男，農薬の化学，大日本図書（1973）
農薬ハンドブック 1995 年版編集委員会編，農薬ハンドブック 1995，日本植物防疫協会（1996）
川島和夫，病害虫防除・資材編（追録第 7 号），農山漁村文化協会，10，819（2001）
農林水産省農薬検査所監修，農薬適用一覧表 1998 年版，日本植物防疫協会（1998）

## 第 3 章　農薬の製剤設計と界面活性剤
農薬ニューズレター，農薬工業会，No.20（1997）
竹内節，界面活性剤，米田出版（1999）
刈米孝夫，界面活性剤の性質と応用，幸書房（1980）
木村和義，作物にとって雨とは何か，農山漁村文化協会（1987）
大渕悟，最新界面活性剤応用技術，シーエムシー，55（1990）
日本農薬学会，農薬の散布と付着，日本植物防疫協会（1990）
辻孝三，機能性界面活性剤の開発と最新技術，シーエムシー，200（1994）
川島和夫，竹野恒之，油化学，31，944（1982）
川島和夫ら，植物の化学調節，18（1），77（1983）
杉村順夫ら，植物の化学調節，19（1），34（1984）
吉野実，農業技術，29，63（1974）
第 20 回記念農薬製剤施用法シンポジウム講演要旨，日本農薬学会（2000）

J. B. St. John et al, Weed Science, 22, 233 (1974)

C. G. L. Furmidge, J. Sci. Food Agri., 10, 274 (1959)

C. G. L. Furmidge, J. Sci. Food Agri., 10, 419 (1959)

J. F. Parr and A. G. Norman, Plant Physiol., 39, 502 (1964)

D. L. Sutton and C. L. Foy, Bot. Gaz., 132, 299 (1971)

P. M. Neumann and R. Prinz, J. Sci. Food Agric., 25, 221 (1974)

J. B. St. John et al, Weed Science, 22, 233 (1974)

E. Haapala, Physiol. Plant., 23, 187 (1970)

L. W. Smith and C. L. Foy, J. Agric. Food Chem., 14, 117 (1966)

N. H. Anderson and J. Girling, Pestic. Sci., 14, 399, (1983)

C. L. Foy and D. W. Pritchard, Pesticide formulation & adjuvant technology, CRC Press (1996)

## 第4章　環境保全型農業に貢献するアグロケミカル

農薬ニューズレター，農薬工業会，No. 6 (1995)

農薬ニューズレター，農薬工業会，No. 10 (1996)

堀川知廣ら，茶業研究報告，57，18 (1983)

杉村順夫，竹野恒之，植物の化学調節，17 (2)，153 (1982)

横田清，植物の化学調節，23 (2)，121 (1988)

川島和夫，農業および園芸，57，1021 (1982)

川島和夫，農業および園芸，68，587 (1993)

川島和夫，農業および園芸，69，580 (1994)

川島和夫ら，第12回農薬生物活性研究会シンポジウム講演要旨，日本農薬学会，1，(1995)

岩崎徹治，農耕と園芸，12，165 (1999)

シンポジウム「21世紀の農業散布技術の展開」講演要旨，日本植物防疫協会 (2000)

山田昌雄，微生物農薬，全国農村教育協会 (2000)

小野泰樹，農業および園芸，54，211 (2000)

小川奎，農業および園芸，76，87 (2001)

木村茂, 農業および園芸, 76, 94 (2001)
根本久, 農業および園芸, 76, 107 (2001)
姫島正樹, 農業および園芸, 76, 152 (2001)
佐藤姚子, 農業および園芸, 76, 215 (2001)
今月の農業, 化学工業日報社, 45 (3), 22 (2001)

**第5章 新規アグロケミカルの開発動向**

農薬ニューズレター, 農薬工業会, No.3 (1994)
肥料年鑑平成11年版, 肥料協会新聞部 (1999)
肥料の新しい発展を求めて, 肥料同人 (2000)
川島和夫ら, 園芸学会雑誌, 53 (3), 290 (1984)
川島和夫ら, 砂丘研究, 31 (1), 1 (1984)
川島和夫, 農業および園芸, 59, 665 (1984)
川島和夫, 食品定温流通, 12, 14 (1984)
果実の鮮度保持マニュアル, 流通システム研究センター, 52 (2000)
林正治ら, 季刊肥料, 82, 97 (1999)
今月の農業, 化学工業日報社, 45 (7), 16 (2001)
藤井義晴, アレロパシー, 農山漁村文化協会 (2000)
長岡正治ら, 園芸学会雑誌, 68, 別冊2, 303 (1999)
蕀田隆治, サイトカイニンバイブル, 酪農学園出版部, 85 (1991)
藤原俊六郎ら, 土壌肥料用語事典, 農山漁村文化協会 (1998)

**第6章 グローバル化におけるアグロケミカルの課題**

原剛, 農から環境を考える―21世紀の地球のために―, 集英社 (2001)
安東和彦, 化学経済, 3月臨時増刊号, 195 (1996)
安東和彦, 日本技術士会創立50周年記念特集号, 日本技術士会, 70 (2001)
百嶋徹, 化学経済, 3, 39 (2001)
特許マップシリーズ・化学22, 農薬, 特許庁 (2001)

# 事項索引

ADI  *27*

BSE  *22*
BT 剤  *103, 105, 151*

cmc  *64, 97*

DL 粉剤  *60*

EO  *76, 83, 94*

FAO  *10*

HLB  *64, 66, 94*

ICM  *109*
IGR  *111*
IPM  *38, 107*
IRRI  *18*
ISO  *36*
ISO 名  *36*

JA  *58*

PCB  *25*
PGR  *46*
PRTR 法  *25, 30*

SBI 剤  *41, 88, 98*

## ア 行

アグロケミカル  *9*
アジュバント  *52, 86, 131*
アジュバント市場  *99*
アジュバントの作用特性  *95, 98*
アニオン  *54, 67, 78*
アブシジン酸  *49*
アレロパシー  *50, 143, 145*
アロモン  *144*

一般展着剤  *53*
遺伝子組み換え作物  *100, 150*
いもち病  *41*
陰イオン性界面活性剤  *54, 73*
インテリジェント製剤  *64*

エチレン  *49, 138*
エチレン吸着剤  *139*

オーキシン  *46*
オレイン酸石鹸  *75*

## カ 行

界面活性剤  *53, 64*
界面活性剤の移行と代謝  *83*
界面活性剤の機能と応用  *67*

界面活性剤の生理作用　77
界面活性剤の薬害　76
カイロモン　144
化学肥料　17, 120
化学物質　24
拡展崩壊剤　70
化審法　25
カチオン　54, 67, 79
可溶化能　66, 98
カルシウム剤　130
カルス　49
環境保全型農業　11, 109, 158
環境保全適正域　124
環境ホルモン　68
環境リスク　24

キャリアー　117
吸水ポリマー　126, 141

クチクラ膜　97

経済連　57
系統ルート　57, 152
劇物　31
結晶抑制剤　71

抗ウイルス剤　40
交差抵抗性　24
耕種的防除　24
高濃度少量散布　99
国際標準化機構　35
穀物生産量　12
固着剤　53
昆虫成長制御剤　111

## サ 行

細菌　40
剤型　59, 116
サイトカイニン　48
作物保護製品市場　147
殺菌剤　40, 86, 147
殺菌剤の分類　42
殺線虫剤　36
殺そ剤　36
殺ダニ剤　36, 75
殺虫剤　36, 75, 91, 147
殺虫剤の分類　39

ジェネリック　94
糸状菌　40
ジベレリン　48, 87
弱毒ウイルス　106
ジャンボ剤　63
循環型農業　161
循環型農業用資材　144
商系ルート　57, 152
上偏生長　48
植物化学調節学会　116
植物活力剤　134
植物成長調整剤　46, 85, 87
植物防疫法　21
植物保護　143
植物ホルモン　46, 116
除草剤　43, 93, 147
除草剤の分類　44
新農業基本法　31, 119, 157
新農薬　116, 149

水稲用除草剤　45
水和剤　62, 68

事項索引

ストレスホルモン　49

製剤技術　59, 153
生物農薬　101
生理障害　130
セーフガード　14
選択性除草剤　43
鮮度保持剤　138
全農　57

総合防除　38
増量剤　70

### タ 行

耐性菌　23, 85, 88
脱皮ホルモン　111
団粒　126

摘蕾剤　46, 73

展示圃試験　57
展着剤　52
展着剤の分類　52
天敵　101, 106, 108

動物実験　27
毒物　31
毒物及び劇物取締法　31
土壌　124
土壌改良材　125
土壌診断　125
特許戦略　154
ドリフト　60, 62, 118

### ナ 行

内添型アジュバント　72

内分泌かく乱物質　68

ニッチ市場　101
乳化剤　66
乳剤　62, 66

濡れ　64
濡れ剤　69

農協　58
農業　9
農業従事者　155
農業の差別化　160
農作物の残留許容量　29
農薬　9, 137
農薬会社　148
農薬検査所　56
農薬原体　35, 59
農薬工業会　16
農薬登録　31
農薬取締法　31, 137
農薬の安全使用基準　29
農薬の安全性評価　27
農薬の食品残留基準　27
農薬の分類　35
ノニオン　54, 67, 80
ノニルフェノール　68

### ハ 行

バイオアッセイ　115
馬鹿苗病　48
バンカープラント　107

非イオン性界面活性剤　54
肥効調節型肥料　121
飛散防止剤　53

微生物農薬　*101, 103, 104*
非選択性除草剤　*43, 77*
被覆肥料　*121, 123*
病害虫　*19*
病害虫防除指針　*56*
表面張力　*65, 96, 97*
肥料　*119*
肥料取締法　*119*

ファイトアレキシン　*130*
フェロモン　*110*
普通物　*31*
ブラシノライド　*50*
プレハーベスト　*137*
フロアブル　*62, 70*
粉剤　*60*
分散剤　*69, 71*

変異原性　*27*

防除暦　*57*
ポストハーベスト　*137*
ポストハーベスト農薬　*10, 136*
ポリ乳酸　*145*
ボルドー液　*22*

### マ 行

マイクロカプセル　*63, 117*
マシン油　*40, 75, 92*

マルチシート　*145*

ミセル　*66, 96*

無傷植物　*48, 83*

モザイク病　*106*
模倣法　*115*

### ヤ 行

薬剤抵抗性　*22, 75*

輸入農産物　*14*

陽イオン性界面活性剤　*54, 88*
容器包装リサイクル法　*68*
幼若ホルモン　*111*

### ラ 行

ランダムスクリーニング法　*115*

リサージェンス　*38*
リスクコミュニケーション　*25*
リスク評価　*24*
粒剤　*61, 70*
両イオン性界面活性剤　*54, 67, 81*
理論的なデザイン法　*115*

連作障害　*124*

〈著者略歴〉

川 島 和 夫

1951年岐阜県生まれ。1974年信州大学農学部農芸化学科卒業，1976年名古屋大学大学院農学研究科修士課程修了（農薬化学専攻），同年花王株式会社（当時，花王石鹼株式会社）に入社し産業科学研究所に配属，1984年化学品事業本部に転出し，現在に至る。アグロ営業部ユニットリーダー，その間，メキシコ子会社に2.5年出向，商品安全性推進本部に1年在籍，農学博士（1993年），技術士（農業部門），環境カウンセラー（環境省登録）。

## アグロケミカル入門
### ―環境保全型農業へのチャレンジ―

2002年5月15日　　初　版

著　者───川　島　和　夫

発行者───米　田　忠　史

発行所───米　田　出　版

〒272-0103　千葉県市川市本行徳31-5
電話　047-356-8594

発売所───産業図書株式会社

〒102-0072　東京都千代田区飯田橋2-11-3
電話　03-3261-7821

Ⓒ　Kazuo Kawashima 2002　　　　中央印刷・清水製本所

ISBN4-946553-14-2　C3061

**界面活性剤**−上手に使いこなすための基礎知識−
  竹内　節 著　定価（本体価格 1800 円＋税）

**フリーラジカル**−生命・環境から先端技術にわたる役割−
  手老省三・真嶋哲朗 著　定価（本体価格 1800 円＋税）

**ナノ・フォトニクス**−近接場光で光技術のデッドロックを乗り越える−
  大津元一 著　定価（本体価格 1800 円＋税）

**わかりやすい暗号学**−セキュリティを護るために−
  高田　豊 著　定価（本体価格 1700 円＋税）

**技術者・研究者になるために**−これだけは知っておきたいこと−
  前島英雄 著　定価（本体価格 1200 円＋税）

**微生物による環境改善**−微生物製剤は役に立つのか−
  中村和憲 著　定価（本体価格 1600 円＋税）

**アグロケミカル入門**−環境保全型農業へのチャレンジ−
  川島和夫 著　定価（本体価格 1600 円＋税）